KB052602

김정신의 교회건축 이야기

하느님의 집,
하느님 백성의 집

글쓴이 소개 | 김 정 신

1952년 경남 남해에서 태어났다. 서울대학교와 동 대학원 건축학과를 졸업하고
「한국 가톨릭 성당건축의 수용과 변천과정」으로 박사학위를 받았다. 해군본부
시설감실과 한국환경설계연구소에서 실무를 익히고, 영국 Bath대학(1990년),
일본 京都대학(1997년 단기)에서 연수하였다.
1980년부터 단국대학교 건축학과 교수로 재직하면서 교회건축과 한국근대건축사,
문화유산보존에 대한 작품과 연구활동을 하고 있다.

주요작품으로는 영암시종공소(1998), 약현성당 복원(2000), 북한 KEDO종교동
(2001), 송현성당(2004) 등이 있고, 가톨릭미술상(2005), 대한건축학회 특별상
남파상(2005), 소우 저작상(2009), 한국건축역사학회 송현논문상(2011), 한국색
채학회 학술상을 수상하였으며, 문화재청과 서울시 문화재위원으로 활동하고 있다.

하느님의 집, 하느님 백성의 집

2012년 11월 10일 1판 1쇄 인쇄
2012년 11월 15일 1판 1쇄 발행

지은이 김 정 신
펴낸이 강 찬 석
펴낸곳 도서출판 미세움
주 소 150-838 서울시 영등포구 신길동 194-70
전 화 02-844-0855 팩 스 02-703-7508
등 록 제313-2007-000133호

ISBN 978-89-85493-64-2 93540
ⓒ 김정신, 2012

정가 20,000원

사진: 정정웅, 문수영, 김정신

하느님의 집,
하느님 백성의 집

김정신 지음

 美세움

발간을 축하하며 …

오랫동안 교회건축의 역사와 문화를 연구하고, 설계를 통해 실천적인 방법을 모색해 왔던 김정신 교수님께서 그간의 생각과 작품을 모은 『하느님의 집, 하느님 백성의 집』의 발간을 진심으로 축하드립니다.

현재 우리나라는 세계에서 교회건축이 가장 활발한 나라 가운데 하나입니다. 이는 크나큰 축복일 수도 있고 하나의 위기일 수 도 있을 것입니다. 신앙의 열기와 함께 건축의 기술적, 경제적 능력도 갖추었고 경험도 많이 축적하였습니다. 그러나 교회의 기능적·예술적·상징적 가치를 두루 갖춘 교회건축은 흔하지 않은 것 같습니다. 아마도 그 원인은 신앙심이 부족해서도 아니고, 전문성이 없어서가 아니라 교회건축의 이론과 실제가 일치되지 못하고 비평이 부재하기 때문이라고 생각됩니다.

우리는 예술가와 농부의 말을 굳이 들으려 하지 않고, 그들이 수확한 열매를 맛보면 그만이라고 생각합니다. 부지런히 일하고 정직한 것은 예술가와 농부, 그리고 모든 장인의 미덕입니다. 건축도 현실이고 실체이기 때문에 굳이 설계자의 말이 필요 없을 수도 있습니다. 그러나 설계자의 생각과 설계과정을 글로 남기는 것은 비평문화의 토대를 만들고 경험을 공유할 수 있다는 점에서 환영할 일입니다.

김 교수님께서는 건축역사 학자이자 교육자이지만 보다 자유로운 예술가적 체험과 실천적인 작업을 더 중요시 하여 온 건축가입니다. 30여건의 설계프로젝트나 문화재 보존운동에 동참한 것도 모두 이와 연관된 것이라 여겨집니다.

김 교수님의 열정과 성실함에 박수를 보내면서 이 책이 우리 교회건축문화의 발전에 일조할 것을 기대하며 감사와 축하를 드립니다.

가톨릭 조형 예술 연구소
대표 조광호 신부

머리말

이순을 맞으며 …

    어느덧 귀가 순해진다는 이순(耳順)을 맞았습니다. 항상 오늘보다는 내일을 위해 살아왔는데 벌써 60이라니 세월이 참 빠르기도 합니다. 요새는 회갑잔치를 잘 하지 않지만, 그 의미는 각별합니다. 전통적으로 회갑의 개념 속에는 동양의 우주관과 생명사상 그리고 삶의 가치관이 담겨져 있습니다. 천간(天干)과 지간(地干)의 조합으로 만들어지는 60갑자는 공간과 시간 개념이 하나로 융합된 기본 틀로서, 계속 돌고 돌며 윤회합니다. 생명의 윤회, 한 바퀴 완성의 정점이 바로 회갑입니다. 이렇게 볼 때 회갑은 지나온 60연륜의 완성인 동시에 새로운 60연륜의 시작이라고 할 수 있습니다.

    내 살아온 삶을 뒤돌아볼 때 그 반은 건축교육과 교회건축에 바친 삶이었습니다. 동·서 건축역사를 통해 볼 때 종교건축은 건축가라면 누구나 하고 싶어 하는 건축예술의 꽃이요 영원한 테마입니다. 종교건축을 전공하고 가톨릭 신앙을 갖게 된 것 만도 크나큰 축복인데 실제 성당을 지을 수 있는 기회를 가졌으니 이 얼마나 즐겁고 신나는 일인가! 지난 30년간 30여 곳의 성당을 설계하였습니다. 생각해 보면 나의 모자람이 너무 컸고 부족함이 많았습니다. 실수도 했고, 시행착오도 있었으며, 끝까지 최선을 다하지 못했던 아쉬움도 있었습니다. 감사와 속죄하는 심정으로 그간 내가 하였던 작업과 경험을 정리하고 나누고자 합니다.

이 책은 크게 두 부분으로 구성되어 있습니다. 제1부 '교회건축 단상'은 나의 삶과 믿음, 교회건축과 문화유산 보존에 대한 생각들을 묶었고, 제2부 '교회건축 작품과 설계노트'는 내가 설계한 성당건축물을 소개하고, 그 설계과정과 설계개념 등을 정리하여 보았습니다. 교회건축과 문화에 관심이 있으신 분들과 선배제현, 후학 여러분들에게 다소나마 도움이 될 수 있기를 바라마지 않습니다.

2012년 10월
저자 김정신

차 례

제 1 부

교회건축 단상

삶과 믿음

내 혼에 새긴 말씀

"천하의 어려운 일은 반드시 쉬운 데서부터 일어나고, 천하의 큰 일은 미세한 데서부터 시작된다"(天下難事, 必作於易, 天下大事, 必作於細 -도덕경 제63장)

일터에서 나를 키우는 말씀 중에 노자 도덕경의 이 말씀처럼 소중한 것이 없다. 길지 않은 건축의 실무경험과 교육에서 절실하게 느끼면서도 가끔 지나치기 쉬운 교훈이다. 건축이 종합예술이라 하여 거창한 개념과 조형성을 추구하는 한국의 건축가들은 작고 쉬운 것을 곧잘 무시한다. 나도 예외는 아니어서 몇 번의 실수를 거듭한 결과 이제는 건축뿐만 아니라 일상생활에서도 작은 것부터 세심히 따지고 살피는 습관을 갖게 되었다. 때론 까다롭고 소심하다는 부정적인 평도 받지만 버리고 싶지 않은 나의 좌우명이다.

큰 사고 큰 실수는 어려운 일보다 쉬운 일에서 더 많이 발생한다. 쉽고 작은 것을 가볍게 여기면 실수가 생기는 것을 절대로 면할 수 없다. 그러므로 "쉬운 일이 많으면 곤란한 일도 많다"(多易必多難-도덕경 제63장)고 한다. 따라서 일을 하는 데는 시작이 훌륭하다고 생각하여 게을러져서는 안 될 뿐더러, 세세한 것을 소홀히 해서도 안 된다.

건축이라는 것이 크고 작은 갖가지 조건과 요구를 수용하고 풀어서 유기적인 조직체로 만드는 일인 만큼 작은 요소 하나하나가 각자의 역할을 다할 때 그 생명을 발휘하는 것이다. 콘크리트는 콘크리트를 구성하는 시멘트, 모래, 자갈을 물과 함께 섞여 적당한 온도와 시간을 가질 때 비로소 큰 힘을 발휘한다. 어느 것 하나가 모자라도 넘쳐도 안 된다. 작은 요소들이 모여서 보다 큰 부분을 이루고 부분들이 여러 위계의 단계적인 조합과 구성으로 하나의 건물이 되는 것이다. 건물을 구성하는 크고 작은 부재들, 어느 하나 소홀히 할 수 없는 것이다. 아무리 작은 부분도 각자의 위치에서 각자의 역할을 하지 못할 때 전체는 그 기능을 발휘하지 못한다.

어떠한 일이든지 모두 기초부터 시작하여야 하며, 마땅히 해야 할 것은 완전히 해야만 한다. 과정에 따라 진행해 나가는 일은 기대한 바의 성과를 이룰 수 있다. 만약 요행을 바라며 빨리 결과를 얻고자 한다면 반드시 잃는 것이 많을 것이며, 심지어 무리하게 힘을 가함으로써 도리어 해롭게 하는 결과가 되어, 스스로는 이득을 볼 생각을 하였겠으나 실제로는 실패한 것이다. 비록 일시적으로 요행을 얻었다 하더라도 "발끝을 제껴 디딘 자는 오래 서 있을 수 없고, 다리를 양쪽으로 한껏 벌린 자는 멀리 갈 수 없다"(企者不立, 跨者不行 -도덕경 제24장)하므로 끝내 오래 버티지 못하는 것이다.

삼풍백화점 붕괴사고도 대형 사건들 같이 이제 서서히 우리의 관심에서 멀어져 가고 있다. 온갖 매스컴이 난리법석을 치는 속에서 국민들이 분노하고 정부가 엄중대책을 발표하고, 희생자에 대한 보상으로 모든 것이 끝나버리는 또 하나의 통과의례로 지나가고 있는 것이다. 많은 사람들이 그 사건은 우연히 일어난 것이 아니라 우리 사회가 안고 있는 많은 문제들을 확실하게 보여준 것이며 오늘의 한국과 한국인의 모습을 반영한 우리의 자화상이라고 했다. 우리는 이번 사고에서 많은 교훈을 얻었다. 이 교훈을 생활화하여야 한다.

이제는 큰 것 밖으로 드러나는 것보다 작은 것에 더 관심을 가지자. 결과보다는 과정을 더 중시하며, '도약'이니 '웅비'니 하는 허황된 꿈을 버리자. 작은 것부터 진실과 성실로서 대하는 자세를 배우고 실천하자. 이것이야 말로 '빨리빨리'에서 '졸속', '부실'로 이어지는 '外華內貧'의 한국병에서 벗어나는 길이리라.

"지극히 작은 일에 충실한 사람은 큰일에도 충실하며 지극히 작은 일에 부정적인 사람은 큰일에도 부정적이다"(루가복음 16:10)

(경향잡지 1995년 9월 게재)

이 사람을 본받는 나의 삶

건축을 하는 데 꼭 미술에 소질이 있어야 된다는 법은 없지만 나는 어릴 때부터 그 방면으로 눈을 뜬 것 같고, 그것이 건축을 배우는 데 유리하다는 확신에서 건축과로 진학하였다. 대학시절 그림재주로 인해 남보다 빠르게 설계과제를 해내고, 국전을 비롯한 설계경기에 열심히 참여하였다. 별로 노력하지 않고도 좋은 학점을 받았고 몇 차례 입상도 하였으니 자연 학교공부는 등한시 하고 즉흥적인 기발한 아이디어와 손끝의 기교에만 빠져 있었다. 지금 생각하면 제 스스로를 드러내지 않고는 못 배기는 젊은 치기에 넘친 시절이었다.

"비겁한 겸손보다는 용감한 자만이 낫다며" 주위를 보지 않고 나름대로의 성을 쌓으면서 앞으로만 무조건 달려 나갔던 나에게 브레이크를 거신 분이 있다. 어쩌면 나의 진로를, 나의 생활태도를 크게 바꿔놓으신 분이다. 그분은 후에 대학원 과정의 지도교수님으로 모셨던 분인데 학부시절 학과장을 맡으셨기 때문에 군제대 후 인사 겸 진로문제를 상의 드리러 찾아간 적이 있다. 개인적인 만남은 처음이었는데 뜻밖에 나의 재능을 칭찬하기보다는 오히려 걱정하시는게 아닌가! 건축은 손끝에서 나오는 것이 아니라 머리와 마음으로부터 나온다는 충고의 말씀이었다. 당시는 기분 나쁘게도 들린 그 말씀이 얼마나 큰 가르침이 되었는지 모른다. 비로소 속이 텅 빈 나의 참모습을 보게 되었고, 건축공부를 다시 해야겠다는 결심을 하게 되었다. 그것을 계기로 대학원에 진학하여 당시로선 인기 없으셨던 교수님을 지도교수로 모시면서 교수님 옆방에서 생활하였는데 그분은 꼼꼼한 성격에다 말씀도 적고, 작품도 별로 없으셔서 문하생이라곤 나 혼자뿐이었다. 교수님께서는 워낙 치밀하시고 완벽 하셔셔 제자에게 시키시는 일이 거의 없이 모든 걸 직접 하셨는데 가끔 당신의 가훈(家訓)과 아호(雅號)에 얽힌 이야기와 함께 노자사상의 도를 강조하시면서 자연과 인생의 진실을 가르쳐 주셨다. 작은 대나무 소(篠)자와 어리석을 우(愚)자의 소우(篠愚)를 아호로 가진 그분은 다음과 같은 중국의 우화를 자주 인용하면서 일확천금의 허망한 꿈과 성급한 성과에 급급한 오늘날의 세태를 걱정하셨다.

옛날에 모든 일에 매우 성실하며 우직한 노인이 있어서 이웃 사람들이 그의 지혜롭지 못함을 항상 비웃게 되었고, 그 노인을 '우공(愚公)', 즉 어리석은 사람이라 부르게 되었다. 이 우공의 집 대문 앞에는 높은 산이 가로 놓여 있어 출입하는 데 불편하였던 터이므로, 노인은 문 앞의 산을 옮기기로 결심하여 자기 집 식구들을 거느리고 삽과 괭이로 파서 그 산을 옮기기 시작하였다. 이웃 사람들이 이를 보고 비웃으며 말하기를 "우공이여 당신의 나이는 그같이 많은데, 이와 같이 한 삽씩 흙을 파 옮겨서 어떻게 이 높은 산의 흙을 모두 옮길 작정이시오"하고 물으니, 우공은 웃으면서 대답하기를 "한 가지 일을 하더라도 내 아들이 있고 또 손자가 있으니, 내가 이 일을 다 못하면 내 아들이 하고 또 손자들이 하여 대대로 파 옮긴다면, 이 산이 제아무리 높다 하되 더 높아질 이치는 없으므로 마침내는 모두 파서 옮겨질 것이 아니겠소"라고 대답하더라는 것이다.

자기가 땀을 흘린 노고의 보답과 그 혜택을 당장에 못 거두게 되더라도 그 다음 세대 또는 그 다음 다음의 세대를 위해 준비하고, 성실하게 끊임없이 대를 물려가며 노력하는 우직한 태도를 강조하셨는데 나는 나의 학문과 전공에서 뿐만 아니라 일상생활에서의 지침으로 삼고 있다. 대학에 자리 잡은 후 10년간은 건축의 그림 작업을 중단하였고, 즐기던 투시도에서 손을 뗐으며, 설계의 유혹도 뿌리치고 오로지 연구와 교육에만 충실하고자 하였다. 조급하고 소심한 성격도 많이 고쳤다. 한때 만성간염으로 고생하였지만 꾸준한 치료와 절제된 생활로 완치할 수 있었으며, 어떠한 어려움이 닥치더라도 진실과 성실로 꾸준히 노력하면 그에 대한 보답은 반드시 온다는 신념을 갖게 되었다. 이제는 작품을 할 기회도 절로 생기고 어떻게 건축을 해야 할지도 알게 된 것 같다. 고희를 넘기신 교수님은 여전히 건강하고 젊으시다. 스스로가 모든 일에 늦게 깨달은 사람이라고 겸손해 하지만 실로 많은 것을 이루셨다. 건축계에서 그보다 더 많은 학문적 업적을 이룬 분이 아직 없으며 학자로서 교육자로서 건축가로서 그리고 신앙인으로서 모범적인 삶을 살고 계신다.

오늘날 가정이나 사회, 그리고 학교에서도 '말'은 풍성하게 나누지만 '말씀'이 없어 어떤 문제를 해결하는 데는 가르침을 받을 말이 없다. 출세한 사람도 많고 훌륭한 학문을 쌓은 학자도 많으나 존경할 만한 사람이 없다. 삶의 중요한 고비에서 불현듯이 생각나는 선생님이 있다는 것은 큰 복이 아닐 수 없다. 교수님의 좌우명이었던 "천조지자 자조지자야(天助之者 自助之者也)", 즉 "하늘은 스스로 돕는 이를 돕는다"는 격언은 이제 나의 좌우명이자 나의 자식과 제자들에게 물려주는 가훈이기도 하다.

(월간 샘터 1995년 12월 게재)

가정과 복음의 집

성당건물의 축성식에서 흔히 듣는 말씀이 있다. "그동안 모두들 수고하셨습니다. 이제 물질적인 성전이 아니라 참다운 성전, 영적인 교회를 짓기 위해 다 같이 노력합시다" 유형의 성당과 무형의 신앙공동체는 언뜻 별개의 것으로 보인다. 크고 화려한 성당보다 초라한 성당의 가난한 신자들에게서 더 복음적인 모습을 볼 수 있는 경우가 허다하기 때문이다. 한 가정과 집의 관계는 교회(공동체)와 성전의 관계와 같다.

요즘 한국인들의 최대 관심사 중의 하나는 집이다. 집을 갖는 것이 그 어떤 것보다 우선하는 최대의 목표라 해도 과언이 아닐 정도로 집에 대한 애착이 강하다. 이미 전국의 주택 보급률이 100%를 훨씬 넘었으나 여전히 많은 물량의 집을 필요로 하고, 짓고 또 짓고 새로 짓고 있다. 경제성장과 기술의 발달로 고층화, 거대화되면서 집은 보다 편리하고 고급화되고 커지고 있다.

하지만 집의 물리적인 숫자와 크기는 확장되고 있지만 그 속의 가정은 그렇지 못하다. 늘어나는 집의 숫자 이상으로 가정은 붕괴되고 있다. 가정의 의미가 약화되고 이혼자들이 속출하고 독신가구가 폭발적으로 증가하고 있다. 그 이유는 무엇일까? 집과 가정은 별개의 것일까? 아니면 집이 정말로 좋은 집이 아니라 투기의 대상으로 물질적인 존재로만 생각하고 짓는 것이 아닐까? 집은 생활을 담는 그릇이다. 그릇은 외형보다 비어있는 속(공간)이 더 중요하다.

주택으로서의 집은 인간의 삶을 영위하는 터전이요 보금자리인 쉘터(보호처)다. 생리적인 욕구와 심리적인 평안함과 경제적 안정을 가져다 주는 생활환경인 동시에 하느님을 아버지라 부르며 자녀로서 받아들여지는 영적인 처소로서의 가정이다. 하느님이 세우신 기관은 교회와 가정밖에 없다. 가정은 인간 존재의 성장장소요, 삶의 보금자리요, 피난처요, 문화창조의 중심지요, 기억의 박물관이요, 인간관계가 출발하고 형성되어지는 장소로서 신앙의 출발지이자 신앙의 완성지다. 그러므로 집은 곧 '복음의 자리'다. 물리적인 집과 가정은 불가분의 관계에 있다.

이제 우리는 가정의 위기 속에 가정의 신성도 잃어버리고 살고 있다고 해도 과언이 아닐 것이다. 가정을 담는 그릇인 집의 발달과 가정의 붕괴가 비례하는 현상에 대해 집을 짓고 가정을 이루는 복음의 가르침을 곰곰이 생각해 봤으면 한다.

(서울교구 주보, 말씀과 복음의 이삭 2007년 2월 3일 게재)

한옥과 생태건축

21세기를 맞이하면서 세계 공통으로 회자되고 있는 주제는 환경과 생태에 관한 문제다. 금세기 세계 도처에서 진행된 산업화와 도시화는 오존층의 파괴, 지구 온난화, 산성비, 기후의 이상변화, 자연자원의 감소와 같은 현상을 가속화시켜 왔으며 이런 현상은 생태계의 변화뿐만 아니라 생활 공동체의 건강한 삶을 위협하고 있다.

자연을 정복대상으로 인식하고 적극적인 개발과 산업화에 앞장섰던 서양 선진국가들은 오래전부터 이러한 문제에 대해 심각하게 반성하며 자연보전을 최우선의 과제로 삼고 있다. 그들이 지금 추구하고 있는 첨단건축은 환경 친화적이고 지속가능한 녹색건축이다.

그러나 지금 우리의 환경은 어떤가? 서양문화가 들어온 지 불과 100여 년밖에 되지 않았지만 우리들의 주거문화는 완전히 바뀌었고 도시의 구조와 풍경을 송두리째 흔들어 놓았다. 재개발, 신도시, 전국 어디에서나 볼 수 있는 시골 논두렁의 나홀로 아파트, 산과 강변의 경치가 좋다는 곳은 모두가 위락시설과 상업시설로 몸살을 앓고 있는 것이다.

한국은 오래된, 매우 우수한 생태건축 문화를 지니고 있었다. 그것은 한국건축의 '자연성'과 '절제미학' 그리고 '기(氣)미학'에서 찾아볼 수 있다. 건물재료의 상당부분은 재생 가능한 것이고 또한 재활용되었다. 대부분의 돌 재료와 목재는 필요한 경우를 제외하고는 인위적으로 가공하지 않은 자연상태 그대로 사용되었다. 건물은 대지에서 자라난 것처럼 보이고 특히 짚과 흙으로 지은 농가들은 땅에서 나와 땅으로 되돌아가는 것처럼 보인다. 한옥은 처음부터 끝까지 자연과 융합하고자 하는 특성을 지니고 있다. 집을 어떻게 지을 것인가? 하는 것보다 어떤 자리에다 어떤 방향으로 세울까 하는 것이 더 중요하였다. 자연을 꼼꼼하게 관찰하고 자연의 정수를 터득하여서 자연의 순리대로 집을 지었다.

오늘날 한국인들의 주거에 대한 잘못된 의식은 편의성 일변도와 절대적 양의 추구다. 이는 필요 이상의 실내공간 확대와 장식, 과도한 인공 기후환경 설비로 인한 에너지와 자원의 낭비로 나타난다. 현대사회의 삶 80% 이상이 실내에서 이루어지고 있다고 하더라도 우리 전통의 '절제'의 정신과 지혜를 살리면 많은 부분을 극복할 수 있다고 생각한다. 절제의 건축이 의미하는 것은 넘치지 않는, 적응성이 높고 지속 가능한 다용도의 건축을 의미한다. 실내공간의 축소와 함께 오히려 불편을 감수하거나 외부공간에서의 행태를 확대시키는 것도 그 하나다. 이렇게 함으로써 건축에 의한 땅의 점유율을 줄여나가 인간의 땅에 대한 폭력성을 완화시키고 에너지 절감과 자연보전이 이루어질 수 있을 것이다.

(서울교구 주보, 말씀과 복음의 이삭 2007년 2월 10일 게재)

우리 도시건축에 대한 생태적 단상

외환위기의 상처를 딛고 경제발전과 선진국으로의 도약을 꿈꾸며 시작했던 새천년 그 첫 10년의 결과는 세계적으로는 '환경' 및 '자원' 위기와 국내적으로는 경제적 양극화 심화다. 기후변화로 상징되는 '환경' 위기와 고유가로 대표되는 '자원' 위기는 기상재해는 물론 생태계 질서를 근본적으로 뒤흔들며 인류의 생존을 위협하고 있다. 지금과 같이 '에너지 다소비 체제'가 지속될 경우 지구촌이 치러야 할 기후변화에 따른 경제적 손실이 매년 세계 GDP(국내총생산)의 5~20%에 달할 것이란 전망이며, 세계 10대 에너지소비국인 우리나라는 97%를 해외수입에 의존하고 있는데 이는 전체 수입액의 30%를 넘는다. 향후 온실가스 감축 의무가 부과될 경우, 에너지로 인해 우리나라 경제가 안게 될 부담은 상상 이상일 수 있다. 또한 전문가들은 "양극화 해결 없이는 우리사회의 미래는 없다"고 경고한다.

이러한 결과에 도시건축 분야는 그 어떤 분야보다 막중한 책임을 져야 한다. 왜냐하면 도시건축이 차지하는 에너지 소비 비중이 높을 뿐만 아니라 우리의 발전된 모습을 상징하는 근대 이후의 '도시'는 자연적인 생태계를 파괴하면서 만들어져 왔기 때문이다. 양극화문제 역시 내외적으로 여러 원인이 있겠지만 가장 큰 요인은 부동산에 편중된 자산구조다. 상위 10% 계층이 전체 부동산의 40%를 가진 구조에서 주기적으로 반복되는 부동산 가격의 급등은 '빈익빈', '부익부' 현상을 더욱 심화시키고 있기 때문이다. 이 역시 도시건축과 직결된 문제다.

건축물이란, 기본적으로 비바람, 위험, 공격으로부터 신체를 보호하는 피난처(Shelter)로서의 역할을 최우선으로 한다. 인간은 자연적인 쉘터로부터 시작하여 현대의 건축물을 발전시켜왔고 이제는 거의 완벽하게 쾌적한 생활을 누릴 수 있게 되었다. 그러나 이를 위해 인간은 매일 엄청난 에너지를 소비한다. 온습도 조절과 환기뿐만 아니라 다양한 가전제품과 정보기기의 사용으로 건물에서 소비되는 에너지는 지구촌 전체에너지 소비량의 약 25%를 차지한다. 선진국으로 갈수록 그 비중은 늘어나는데 영국이나 미국 등은 이미 40%를 넘어서고 있으며, 현재 한국은 약 23% 정도가 건물에서 사용되고 있으나 도시화, 과밀화, 고층화로 급격히 늘어나고 있다. 다른 에너지로부터 변환과정을 통해 얻어지는 고급 에너지인 전력의 사용에 있어서는 60~70%에 달하는 비중을 건물이 차지한다.

한국은 오래된, 매우 우수한 생태건축 문화를 지니고 있었다. 서양 문화가 들어온 지 불과 120여 년, 한옥을 쉽게 버린 우리들의 주거문화는 완전히 바뀌었고 콘텍스트(context, 맥락)와 전혀 상관없는 건물들이 도시와 산하를 메워갔다. 70년대 중반 이후의 주거단지 건설은 도시의 구조를 바꾸었고, 도시의 풍경을 송두리째 흔들어 놓았다. 열악한 주거환경을 개선하기 위해 시작한 달동네 재개발, 도시재개발, 신도시건설, 전국 어디에서나 볼 수 있는 시골 논두렁의 고층 아파트, 한강상류를 위시해서 경치가 좋다는 곳은 모두가 위락시설과 상업시설로 몸살을 앓고 있다.

또한 하루가 다르게 30층, 50층이 넘는 초고층 건물이 늘어나고 있다. 호텔이나 사무소 용도에 국한되었던 초고층 건축이 주거 또는 주상복합건물에 경쟁적으로 지어지고 있다. 기업뿐만 아니라 국가에서도 신성장동력으로 연구·개발·장려되고 있다. 바닥면적을 줄이면서 용적률을 높여 토지활용도를 극대화한 초고층 아파트는 도시과밀과 환경파괴 문제에 대한 해결책이라지만 다른 유형의 주택보다 에너지를 과다하게 소비하고 있고, 온실가스 배출량이 가장 높은 것으로 나타나고 있다. 초고층 공동주택의 가구에서 에너지 소비량이 높은 이유는 무엇인가? 첫째, 외부 벽면의 과도한 유리 사용으로 인한 단열성능 저하, 둘째, 필수적인 인공 환기와 냉·난방으로 인한 에너지소비 증가, 셋째, 고속 엘리베이터 및 복도 조명에 따른 전력사용량 과부하 등이 공통적으로 지적되고 있다.

초고층 공동주택은 해외 사례에서도 에너지 관점에서 비슷한 양상을 보이고 있다. 자료에 따르면 면적당 연료에너지 소비량은 건물의 연면적이 증가함에 따라 감소하다가 다시 가파르게 상승한다. 건물에너지 소비측면에서는 초고층 주거건물과 단독주택보다는 중층의 공동주택이 유리하다. 초고층 주택은 '친환경 주택'으로 홍보되고 있지만 과도한 에너지 소비로 인해 높은 건물 자체가 거대한 발열체가 되어, 도심열섬현상을 부추기는 온실가스 배출원이 되고 있다.

근대도시는 자연생태계를 파괴하면서 건설되었다. 도시가 만들어지는 장소의 생태계만이 아니라 거대한 도시를 구성하는 각종 자원을 구하기 위해 지구 반대편의 생태계가 위협받기도 하며, 도시로 운반되어 오는 동안 사용되는 에너지와 발생되는 공해도 무시할 수 없기 때문이다. 이렇게 만들어진 도시의 건축물은 에너지를 사용하는 만큼 열이 발생하고 이렇게 발생된 열은 도시를 빠져나가지 못해 열섬(Heat Island)

을 만들어 이를 식히기 위해 또 에너지가 소요되는 악순환의 고리도 생겨난다. 서울의 경제활동 단위당 에너지 소비는 농촌의 약 30배, 이에 따라 발생되는 대기오염은 약 25배에 달한다고 한다. 이렇게 사용되는 에너지의 60%는 건물이 차지하고 있다. 세계적으로도 에너지의 약 70%는 대도시에서 소비된다고 한다.

전 국토가 재개발·재건축·뉴타운의 열풍에 휩싸인 한국인은 도시의 유목민이다. 대량주택으로 채워지는 도시의 관성(慣性)은 거주자들이 사회가 환경과 합치되고, 환경이 성장해서 주민과 조화를 이루기 전에 이사를 다녀야 하는 결과를 가져왔다. 교육·교통·환경 등 여러 이유가 있긴 하지만 궁극적으로는 이사를 다녀야만 재산을 늘이거나 최소한 지킬 수 있게 만든 왜곡된 정책 때문이다. 모든 재건축은 이주를 초래한다. 거주자들은 아직 낡지도 않은 지역을 뒤로 남겨두고 새로운 지역으로 이주하는데, 그것은 어떤 의미로는 목초지가 고갈되고 나면 새 활동의 장으로 이동하는 유목민을 상기시킨다. 우리는 자신의 환경이 성장하는데 참여하지 못하고 장소를 이동하는 유목민이다. 개발과 이사의 가수요(假需要)를 창출하는 전위대인 부동산중개소는 도시 어디에나 널려 있다.

현재 우리나라 인구의 90%가 넘게 도시에 살고 있다. 그러나 도시는 계속 팽창·확대·생산되고 있다. 불과 20여 년 동안에 신도시가 5개 건설되고 50층 이상의 초고층 건물이 금방금방 지어지는 곳은 지구 어디에도 없다. 이렇듯 급조되고 급성장하는 이면에는 철저히 자본주의적 법칙과 정치·경제적 논리에 따라 움직이는 역동적인 그 무엇이 있다. 이리하여 농지, 갯벌, 녹지는 주거지로, 주거지는 상업지로 변신할 때마다 건폐율과 용적률의 증가로 고밀화되고 경제적 가치를 극대화한 개발이 끊임없이 방조되면서 생태환경은 무너지고, 정부, 지자체, 개발업자, 지주, 주민 너나 할 것 없이 가해자요, 피해자가 되고 있다.

정부에서는 21세기의 위기를 극복하고 환경문제의 근본적인 치유를 위해서 지속 가능한 건축, 녹색성장을 실현하기 위한 다양한 정책과 연구과제를 개발하고, 친환경건축물 인증제도 등 환경관련 규제와 활성화방안을 마련, 추진하고 있으며, 녹색기술 및 산업, 기후변화 적응역량, 에너지 자립도·에너지 복지 등 녹색경쟁력 전반에서 2020년까지 세계 7대, 2050년까지 세계 5대 녹색강국 진입을 목표로 한 녹색성장 국가전략을 발표하기도 하였다.

태양광·풍력발전, 옥상녹화, 벽면녹화, 친환경 건물외피기술 등 기술적 측면에서의 다양하고 체계적인 연구들이 축적되고 이를 반영한 건물들이 설계되고 지어지고 있다. 그럼에도 불구하고 일반건축물은 물론이고 정신없이 쏟아져 나오는 정부의 개발정책과 거대 프로젝트, 행복도시, 기업도시, 혁신도시, 재개발, 뉴타운, 초고층, 호화청사에 이르기까지 친환경 관련 이슈들은 과시적 선전용으로 활용되다가 설계와 시공과정을 거치면서 축소, 변용되어 지극히 표피적 차원에서 최저기준만을 충족시키는 예를 무수히 보게 된다. 이것은 기술개발이 부족해서라기보다는 근본적 통찰이나 생태적 인식이 없기 때문이다. 친환경을 브랜드화함으로써 상품가치를 극대화하는, 즉 도구적 수단으로써만 이루어지기 때문이 아닌가 생각한다.

오늘날 한국인들의 건축에 대한 잘못된 의식은 편의성 일변도와 절대적 양의 추구다. 이는 필요 이상의 실내공간 확대와 장식, 과도한 인공 기후환경 설비로 인한 에너지와 자원의 낭비로 나타나는데 이는 윤리적으로도 중요한 문제가 아닐 수 없다. 지난 30년간 1인당 거주면적은 2배 이상 증가하였으며, 주택의 크기는 소득에 따라 엄청난 격차를 보여주고 있다. 물론 소득의 증가와 생활수준의 향상은 주거공간의 확대로 나타나기 마련이며 그것 자체가 나쁜 것은 아니다. 그러나 우리가 사용하는 공간은 인류가 창조하거나 할 수 있는 것이 아니라 인간과 동등한 하느님의 창조물인 자연에 본래부터 스스로 존재하는 것이다. 단지 건축행위를 통해 공간의 기능을 정의하여 (잠깐) 빌려 쓸 뿐이다. 따라서 우리는 공간을 소유하거나 독점적으로 사용한다는 자세를 버려야 한다.

지난 20세기 산업화시대의 대량생산은 '소비와 버림'이 미덕이었다. 그러나 자연의 지배, 자연의 파괴로 생태계의 위기를 초래하였다. 소비문화를 극복하기 위해서는 산업화 이전의 생활방식으로 완전히 되돌아가지는 못하겠지만 지구와 자연자원을 살피고 절약하는 태도에 기초한 새로운 도덕, 새로운 삶의 방식이 필요하다. 여기서 우리 전통의 '절제'와 그리스도의 '가난'의 정신을 생활화할 수 있는 삶의 지혜가 필요하다.

가난은 그리스도인이 선택하고 중시해야 하는 삶의 자세와 생활양식 가운데 하나다. 이 가난은 물질적 빈곤을 말하는 것이 아니라 자신의 삶을 통해 가난의 모범을 보여주신 예수 그리스도를 본받아 하느님의 뜻에 기꺼이 자신을 내어놓으려는 마음가짐, 삶의 태도를 뜻하는 복음적 가난이다. 이 복음적 가난은 특정 계층 또는 신분의 사람들만이 실천해야 하는 특별한 가치라기보다는 오늘을 사는 우리들이 일상생활에서 실천해야 하는 가치이자 태도인 것이다.

절제의 건축이 의미하는 것은 "소유보다는 활용, 더함보다는 나눔, 채움보다는 비움"을 중요시하는 넘치지 않고, 적응성이 높은 지속 가능한 다용도의 건축을 의미한다. 실내공간의 축소와 함께 오히려 불편을 감수하거나 외부공간에서의 행태를 확대시키고 공유(共有)의 공간을 늘이는 것도 그 하나다. 이렇게 함으로써 건축에 의한 땅의 점유율을 줄여나가 인간의 땅에 대한 폭력성을 완화시키고 에너지 절감과 자연보전이 이루어질 수 있을 것이다.

재산을 평가의 척도로 삼는 자본주의 시대에서 가난의 정신을 지켜나가려면 동아시아 전통에서 존중해 온 안빈낙도(安貧樂道), 무위(無爲), 무소유(無所有)의 이상을 최대한 수용하며 새롭게 해석해나갈 필요가 있다. 우리 전통문화의 최고의 가치는 '자연스러움'이었다. 자연의 질서에 순응하고, 자연과 조화되는 삶 속에서 우리의 전통건축문화는 형성되었다. 자연과의 조화를 추구하는 전통적인 건축사상과 원리로부터 우리는 많은 것을 배워야 한다.

환경친화와 생태학적 건축은 우리에게는 결코 낯설거나 새로운 패러다임이 아니며 회복되어야 할 전통건축의 중요한 이슈이자 그리스도 가난의 실천일 뿐이다. 그것은 편의주의적 사고와 물리적 기능충족의 건축개념으로부터 이탈할 때 가능한 것이다. 풍요로움보다 엄격하게 절제된 '4R운동', 즉 절약하기(Reduce), 다시 쓰기(Reuse), 재활용하기(Recycle), 재생하기(Regenerate)의 생활화가 더욱 필요한 21세기 건축개념이다.

나의 영원한 스승

1. 들어가는 말

원고 청탁을 받고 처음에는 사양하였다. 아직 스스로가 '건축사가'라 할 수 있을 정도의 변변한 연구성과를 내지 못하였기 때문이다. 그러나 오랜만에 건축학회지에 글을 쓰는 기회인데다, 건축입문 40년, 교수생활 30년을 잠깐 돌아보는 시간을 가져본다는 생각에서 펜을 들었다. 내가 어떻게 건축학을 전공하게 되었고, 한국건축사를 연구하게 되었는가. 지금의 내가 있기까지 가장 큰 영향을 준 세 분의 선생님이 먼저 생각난다. 그분들과의 인연과 가르침을 회고해 본다.

많은 건축학도들이 그러하듯 그림 그리고 만드는 것을 좋아했던 나는 부산의 어린 시절부터 미술가가 되겠다고 생각하였고 중·고등학생 때는 적지 않은 미술실기대회에 참가하였다. 비교적 소심하고 내성적이었던 나는 당시 수채화를 즐겨 그렸는데 처음의 스케치와 담채 단계에서는 좋았는데 채색하면 할수록 지저분해지고 탁해져서 최종 완성 단계에서 찢어버리기 일쑤였다. 나에게는 색감(色感)이 없는가? 스스로 색채에 대한 콤플렉스를 가졌고 중학교 2학년 때 미술선생님의 권고로 수묵화를 그리기 시작했다. 해마다 진주의 개천예술제, 수도여사대 주최의 전국미술실기대회 등에 참가하였고 입선도 하였다. 그러나 독자인데다 교과성적도 괜찮은 나는 부모님과 담임선생님의 반대로 결국 미술과 사촌 격이라 생각했던 건축 쪽을 택하였다.

사실 1970년대 대학은 데모(4.19, 5.16, 교련반대 등)와 축제 등으로 공부하는 분위기가 아니었고 서울공대도 예외가 아니었다. 학교 기숙사와 하숙생활을 하였던 나는 너무 많은 시간여유를 제대로 활용(?)할 줄 모르는 촌놈이라 거의 캠퍼스가 있는 공릉동에 처박혀 있었는데(당시는 주변에 논밭이 널려 있는 시골이었다.) 유일한 낙은 일주일에 한 번씩 인사동 화랑가를 돌며 그림 구경하는 것과 몇몇이 작당하여 국전(건축대전)에 출품하는 것이었다.

당시 설계수업시간은 거의 학생들에게 방임되었는데(손재주로 별로 열심히 하지 않아도 대충 좋은 성적을 받았고 학교수업을 등한시 하였다), 책보다는 그리기가 좋았던 나는 죽이 맞았던 동기 정동명과 함께 후배들을 데리고 텅 빈 제도실을 독차지한 채 무모한 도전을 거듭하였다. 3학년 때부터 시작하여 군복무와 대학원 때까지 무려 6번을 국전에 출품하였으니 지금 생각하면 할 일이 그렇게도 없었는가 싶기도 하다. 당시 같이 놀았던 1년 후배 김광현은 서울대 교수가 되었고, 승효상은 한국을 대표하는 건축가가 되었다.

2. 조국정 선생님과 토단모임

(서울)대학은 교수가 가르쳐주는 곳이 아니라 학생 스스로가 공부하는 곳이라는 것을 깨닫고, 지난 세월을 아쉬워하던 대학 마지막 학기 9월 비로소 스승다운 선생님을 만났다. 한창 국전 출품 마무리 작업을

하느라 수업을 빼먹고 설계실에서 도면을 그리고 있는데 후배 승효상이 달려와 "형 이상한 선생이 강사로 왔는데 한번 와 보라"고 하여 강의실 뒷문으로 살짝 들어가 보았더니 선생님은 보이지 않고 열 댓 명의 학생들만 있었는데 그렇게 진지할 수가 없었다. 교탁에 쌓여 있었던 책에 가려 보이지 않을 정도로 작은 키의 선생님은 일일이 책을 펼쳐 보여 주시면서 열정적으로 강의하셨다. 대학 들어와서 처음으로 듣는 열강이었다.

당시 교과과정에는 조형과목으로 '조소'와 '자재화' 과목이 있었는데, 1973년 자살로 생을 마감한 권진규 선생님의 후임으로 부임하셨다. 조국정(1943-) 선생님은 서울미대 조소과 출신으로(1965년 졸업) 신인예술상전 조각부 수석상을 받고 일본에 유학하여 동경공업대학과 동경예술대학에서 건축과 조각, 판화를 공부하시고 귀국하여 건축공학과에서 첫 강의를 하셨는데 그때 만났던 것이다. 당신의 석사논문은 건축조형논리학이었는데 작은 키에 비해 엄청난 열정과 언변, 예술적 분위기에 목말라 하였던 우리들을 사로잡기에 충분하였다. 그날 수업이 끝나자 바로 우리팀의 작업실로 모셨고, 무교동 선비촌을 거쳐 삼선교 선생님의 작업실에서 술과 이야기로 밤을 지세운 첫 만남을 잊을 수 없다. 그렇게 만난 선생님과의 인연은 그 후 십여 년 이어졌으며 건축에 대한 사고의 폭과 디자인 기법의 많은 것을 선생님으로부터 배울 수 있었다.

대학 졸업 후 바로 해군시설장교로 입대하였는데, 다행히 서울 해군본부에 근무하게 되어 시간 날 때마다 선생님의 작업실을 찾았다. 선생님은 몇 년간 건축공학과와 미대에서 강의를 하셨는데 미대보다 건축공학과 학생들이 더 많이 선생님을 따랐다. 1974년부터 몇몇 학생들이 선생님 작업실에 모여 데생도 하고 답사도 다니면서 공부모임을 만들었는데 그 모임이 바로 토단(土壇)이다. 한때 학과로부터 경계를 받기도 하였지만 매년 몇 명 씩 늘어나 30여 명의 회원으로 불어났으며 1년에 2번씩 정기적인 고건축 답사를 하였다. 답사 때는 선생님 주변의 미술가도 동행하기도 하였는데 현장에서의 열띤 토론과 술자리는 건축과 예술에 대한 공학도의 시각을 넓히는 데 큰 도움이 되었다. 한국건축과 건축역사에 대해 눈을 뜨게 된 것이 이때부터다.

토단모임의 특징은 회원 모두가 선생님과의 특별하고 개인적인 감정(사연)이 있다는 것이고, 그 숱한 토단답사의 기록이나 성과물이 남아있지 않다는 것이다. 회원들의 게으름도 있었지만 굳이 사전사후의 자료를 수집하고 정리하는 것보다 현장에서 바로 건축과 맞닥뜨리고자 한 선생님의 고집 때문이기도 하였다.

선생님은 그림·조소·판화로부터 건축에 이르기 까지 다양한 재주를 가졌고 잡기(雜技)가 많으셨다. 어쩌면 그 잡기 때문에 당신의 능력을 충분히 발휘하지 못하셨을 지도 모르겠다. 토단모임을 통해 모두들 건축과 미술에 대한 기초적 안목을 갖게 되었는데 실기를 열심히 배웠던 제자는 내가 아닌가 한다. 나는 몇 가지 선생님의 작업을 어깨너머로 보고 흉내내기도 하였는데 그 중 하나가 전각(篆刻)이다. 타고난 손재주와 감각을 지닌 선생님은 당시 조선 목가구와 전각에 심취하셨는데, 중·고등학교 때 수묵화를 했던 나는 낙관을 위해 서예학원도 잠깐 다녔던 터라 관심이 있었고 선생님으로부터 기초적인 각법(刻法)을 배우기도 하였다. 완성된 작품은 몇 안 되지만 취미로 수십 방(方)을 연습 삼아 파기도 하고 여유만 있으면 돌(石印材)과 인보(印譜)를 사 모으기도 하였다.

전각은 나에게 한국 전통건축을 이해하는 데 한 몫을 하고 있다. 흔히 우리건축의 특성을 '자연과의 조화'라 하고 특히 건물의 배치와 외부공간 구성에서 그 성격을 규명하는데 이는 전각에서도 일맥상통하는 것이다. 전각은 자연의 돌(石印面)에 칼(刻刀)로 글자를 새기는 것인데, 그 예술의 형식미는 인문(印文)과 글자체를 선택하는 자법(字法), 돌의 제한된 인면(印面)에 글자를 배치하는(布字)하는 장법(章法), 칼을 잡고(執刀) 새기는(運刀) 도법(刀法)에서 종합적으로 나타나는데, 다양한 형태와 석질의 돌에 칼을 댈 때는 돌과 칼의 강연(强軟)이 조화를 이루어야 하며, 인면의 구성 역시 분주포백(分朱布白), 즉 포자의 소밀(疏密)과 여백을 어떻게 살리느냐가 중요한 것이다. 여기에는 다양한 원리들이 있는데 이는 대지의 형상과 주변의 맥락을 잘 살펴서 건물과 마당을 적절히 구성·배치하는 포치(布置)와 같은 것이다. 전각기법은 건축배치기법의 압축이라 할 수 있다.

가끔 성당을 설계할 기회가 있는데 전각의 장법원리를 원용하여 배치계획을 하며, 취미 삼아 즐겨 봉헌하는 상징로고나 현판의 디자인도 전각으로부터 습득한 것이다.

3. 윤장섭 교수님과 한국건축사 입문

1977년 해군제대를 하자 바로 복학하였는데 당연히 설계를 전공할 생각이었고 당시 활발한 설계활동을 하셨던 이광노 선생님의 지도를 받을 생각이었다. 학부시절 이 교수님의 작업에 참여한 적도 있고, 또 해군에서 설계실무를 익힌 터라 설계 프로젝트가 많았던 교수님께서도 반기셨다. 하지만 주변의 예상을 깨고 윤장섭 교수님의 문하에 들어간 것은 군복무를 같이한 동기 임창호 군의 충고 때문이었다. 지금은 고인이 된 임 군은 '책벌레'라는 별명을 받을 정도로 열심히 공부한 수재 중의 수재였는데(하버드 대학 박사학위를 따고 서울공대 도시공학과 교수가 되었다) 제대 후 국비장학생으로 유학을 가면서 나에게 충고를 해준 것이다. "너는 손재주를 너무 믿고 책을 안 읽어 그 빈 머리로 건축가가 될 수 있겠니? 이제부터라도 책 좀 읽도록 하여라" 웃으면서 농담 삼아 한 말이지만 정곡을 찔렀고, 그 충격에 설계전공을 당분간 포기하고 역사·이론공부를 하기로 하였다. 역사를 위한 역사가 아니라 건축을 제대로 알고 좋은 설계를 하기 위한 목적이었다.

학부 때(1970~1973)는 변변한 책도 없었고 건축사 강의가 어찌나 지루하고 재미가 없었던지 무얼 배웠는지 기억도 나지 않았지만(3학년 때인 1972년 윤 교수님은 대만 성공대학에 객원교수로 가계셨고, 한국건축사는 다음해 발간되었다) 해군복무와 대학원 과정동안 토단 멤버들과 답사를 다니면서 한국 전통건축의 맛을 조금씩 알게 되었다. 근엄하시고 말씀이 적었던 윤 교수님은 당시 학생들에게 인기가 없으셔서 풀타임의 원생은 처음엔 나 혼자였다.

교수님은 1960년대 초부터 고건축 답사를 다니면서 연구하셨고 한국건축문화의 특성을 현대건축에 반영하기 위해 직접 설계도 하셨다.(1968~1974 우현건축연구소 경영) 하지만 1970년대 중반부터는 연구와 저술활동에 전념하시고 일체 설계작업을 하지 않으셨기 때문에 학생들과의 접촉이 적었다. 쪽문으로 연결된 교수님 연구실의 옆방을 혼자 독차지 한 지 한 학기 지나서야 토단 후배들이 많이 들어와 1978년 이후에는 우리 연구실도 활기를 띠었고, 교수님께서 인솔하시는 한국건

축사특론 수강생들의 정기적인 답사는 한국건축사 공부에 큰 도움이
되었다.

석사논문의 주제는 '전통건축의 색채의장-단청'에 대한 연구였다.
건축공학과에서 단청연구를 하겠다 하니 처음에는 의아해 하셨지만
몇몇 자료도 소개해 주시고 중간 프레젠테이션 때는 엄청 격려해 주셨
다. 단청을 주제로 택한 이유는 세 가지였다. 하나는 어릴 때부터 가졌
던 색채에 대한 콤플렉스였고, 다른 하나는 전통건축(기법)의 현대적 계
승이라는 차원에서 볼 때 가장 어렵고 경직된 부분이 단청이라 생각
하였으며, 따라서 한국전통건축의 특성을 이해하는 데 좋은 실마리가
될 것이라고 여겼기 때문이었다.

먼저 인간문화재이신 이만봉 스님(1906~2006)을 몇 번 찾아가 떼를
써가면서 단청을 배우고자 부탁드렸는데 거절하셨다. 마지막으로 수
박 한 통과 화선지 백 장을 사들고 간 날 체본을 주시면서 그대로 그
려보라고 하셨다. 하루 종일 단청안료의 고약한 냄새를 맡으며 쪼그리
고 앉아 화선지에 붓으로 동그란 '원'을 수백 장 그린 끝에 결국 포기
하고 말았다. 다만 작업광경을 지켜보는 것만 허락받았는데 깜짝 놀
란 것은 세계적인 명성을 지닌 스님은 정작 석간주(石間硃)니, 뇌록(磊綠)이
니 하는 단청색 이름을 모르시는지 쓰지 않으셨다. 그저 '노랭이', '파
랭이' 하시는 것이었다. 그때 단청색의 표준화와 국제화, 그리고 단청
배색의 이론적 접근이 필요하다는 것을 느꼈다. 이것이 나의 석사논
문 주제가 된 것이다.

그 후로 신흥사 월주 스님과 이만봉 스님의 제자인 홍창원 씨 등 장
인과 단청시공현장을 찾아다녔으며, 유명 사찰을 답사하여 단청문양
과 색채를 채록하였다. 당시는 분광측색기를 구할 수 없어 먼셀색표집

을 직접 들고서 시료와 색표를 비교하는 시감측색법으로 측색하였다. 물론 편차가 크고 불완전한 방법이었으나 관용색 이름과 단청안료의 표준 배합비만 만들어져 있었던 1970년대에 단청기본색을 먼셀표색기호로 표시하고 현대색채조화이론인 문–스펜서의 공식을 대입하여 배색원리의 규명을 시도하였다는 것은 지금 생각해도 무모하기는 하였으나 꽤 의미 있는 작업이었다. 100부의 논문에 실린 단청 기본색 컬러칩은 동양화를 전공한 아내가 직접 암채(岩彩)로 그렸는데 모두 떼 가고 없어져서 도서관으로부터 요청받기도 하였다.

대학원 석사학위 취득 후 단국대학교에 전임으로 가게 되었고, 1980년대 침체된 대학분위기를 일신하기 위해 학생들과 함께 캠퍼스와 가까운 명동성당을 실측조사하게 되었고 그 과정에서 천주교에 입교하였으며, 그 이후로 교회건축과 한국근대건축사에 대해 지속적인 관심을 갖게 되었다. 1984년 한국 천주교 창립 200주년에 맞추어 한국 천주교건축사를 정리해 볼 욕심으로 매주 전국의 성당을 누볐는데 너무 무리해서 만성간염에 걸렸고 한동안 고생하였다. 한창 활동할 30대에 일체의 작품활동과 사회활동을 자제할 수밖에 없었고 수도자 같은 생활을 10년간 하였다. 그러나 병으로 인해 종교에 더 깊게 다가갈 수 있었고 생각할 시간을 많이 가졌으며, 몸이 조금 나아진 후로는 성당순례와 연구에 더 매진하여 박사학위논문인 '한국 가톨릭 성당건축의 수용과 변천과정'을 완성하였다. 독실한 개신교 장로인 윤 교수님의 자기절제의 생활태도와 '天助之者 自助之者', 즉 '하느님은 스스로 돕는자를 돕는다'는 생활신조를 실천하기 시작한 것이 이때부터다.

1990년 1년간 영국 바스(Bath) 대학에서 교회건축과 함께 '동서 색채의장의 비교연구'를 하였고 1997년 2달간 일본 교토(京都) 대학에서 '한·

일 전통색채 비교연구'를 하였다. 영국시절에는 아예 폴리테크닉에 등록하여 스테인드글라스 공방에서 제작기법을 배웠으며, 귀국 후 건축가와 미술가를 초청해 수차례의 실험적인 워크숍을 진행해 오고 있다. (예를 들면 단청과 스테인드글라스의 접목)

유럽과 일본에서의 연수 이후 건강도 회복되고 동·서 건축문화 특히 종교건축의 특성이 뚜렷이 보이기 시작하자 저술과 설계욕심이 생겨서 작품할 수 있게 해 달라고 기도하였는데 그 응답으로 지난 20년간 30여 건의 종교건축을 설계하였고 3권의 교회건축 관련 책을 출간할 수 있었다.

팔순을 훨씬 넘긴 윤 교수님은 아직도 저술활동을 하고 계시고 분기마다 모이는 소우회에 나오셔서 가르침을 주시고 친교를 나누신다.

4. 알빈 신부님과 성당건축

고등학교 재학시절 가끔 해운대에 나가 바닷바람을 쐬곤 하였는데 해운대 가는 초입의 언덕 위의 하얀 건물이 눈길을 끌곤 하였다. 소박하지만 너무나 멋진 현대식 건물이었다. 일부러 버스에서 내려 가까이 가보고 돌아보곤 하였는데 그땐 그 건물이 한독실업학교라고만 알고 있었다. 그 후 서울-부산을 오갈 때마다 그리고 건축답사를 다닐 때 왜관, 김천, 황간, 구미, 점촌, 상주 부근에서도 비슷한 아름다운 건물을 만났다. 다 작은 언덕 위의 성당이었고 난삽한 건물들 속에 조용히 숨어 있는 보석 같은 존재였다.

대학원에서 건축역사를 전공하고 한국근대건축사의 논문을 쓰면서 그 건물이 왜 아름다운지, 그리고 그 많은 건물이 한 독일인, 그것도 수도자인 알빈 신부님이 설계하였다는 사실을 알게 되었다. 그리고 그분이 설계한 성당을 시간 나는 대로 순례하는 것이 오랫동안 즐거운 습관이 되어버렸다. 평면을 스케치하고 구석구석을 살펴보면서 신부님, 수녀님과 대화도 나누었다. 그가 설계한 건물은 전체 형태와 창의 비례가 좋고, 기능에 충실하며, 군더더기가 일체 없을 뿐 아니라 주변과 잘 조화되는 순수한 근대건축이었다. 그분에 대한 몇 편의 논문도 발표하였다. 그리고 수도원의 배려로 그분의 작업실과 도면도 직접 살펴볼 수 있었다. 그분의 설계에는 전례와 신학에 대한 확고한 개념이 배어 있다.

후에 성당을 직접 설계할 기회를 갖게 되었는데 나도 모르게 그분의 설계원칙과 디자인 어휘를 따르고 있었다. 비록 생전에 만나지는 못했지만 어느덧 그분은 나의 스승이 되었다. 유럽의 현대교회건축을 여러 차례 답사하면서 전례와 신학, 그리고 건축과의 관계를 비교해 보기도 하였다.

베네딕도회 소속의 알빈(Alwin Schmid, 1904~1978) 신부님은 1958년부터 1978년까지 20년 동안 이 땅에 122개소의 성당(경당, 공소포함)을 포함하여 무려 185개소에 달하는 가톨릭 건물을 설계하였다. 실로 대단한 작업이다. 그동안 건축계에 잘 알려지지 않아 제대로 평가되지 못하였지만 아마도 그 양에 있어서는 세계 교회건축사상 전무후무한 일이 아닌가 생각된다. 그의 성당건축은 신학과 전례에 대한 확고한 신념을 바탕으로 제2차 바티칸 공의회의 전례정신을 잘 반영하고 있다. 그리고 매우 기능적일 뿐만 아니라 주변과 경제적 상황을 잘 고려하여 시골이든, 도시든 부담을 주지 않는 건물로 30~50년이 지나도 아무런 불편이 없다고 한다.

몇 년 전 20여 년간 답사하며 수집한 자료를 바탕으로, 성 베네딕도 회 한국진출 100주년을 기념하여 '건축가 알빈 신부'(분도출판사, 2007. 11) 라는 제목으로 알빈 신부의 생애와 작품을 조명한 책을 펴냈다. 책을 통해 신부의 업적이 세간에 알려졌고, 이미 돌아가셨지만 가톨릭미술 상 특별상을 수상하셨다. 그리고 그 책이 독일의 수도원에 뿌려지고 유달리 신부님을 따랐던 조카분이 독일의 온 가족·친척들로부터 수집 한 신부님의 젊은 시절 사진, 스케치, 일기장, 작품사진들을 보내와 전 시회를 열었다.(알빈 신부의 생애와 건축, 하느님의 집, 하느님 백성의 집, 대우푸르지오밸 리, 2008. 11. 16~23) 가톨릭 신앙을 갖고, 적잖은 성당건축을 설계할 수 있 는 기회를 가질 수 있었던 것 모두 하느님의 은총이요 알빈 신부로부 터 받은 은혜인데 일부나마 갚게 되었다.

5. 나오는 말

지난 30년간 나는 한국 전통건축의 정체성을 찾고, 현대건축에 계승할 수 있는 실천적인 방법을 모색해보고자 노력하였다. 한국건축의 특성 을 규명하기 위해서는 이웃나라는 물론이고 세계건축의 보편적 방법 에 의한 비교가 필요하다. 자연히 서양건축이 들어오고 전통건축의 근 대적 변화를 보여주는 개항이후 근대건축이 주된 연구대상이 되었고, 특히 이념과 양식, 기법이 뚜렷이 드러난 교회건축에 관심을 집중하여 실증적인 자료수집과 체계적인 정리, 그리고 해석을 시도하였다. 어릴 때부터 가졌던 색채에 대한 콤플렉스는 단청과 스테인드글라스의 비교연구와 실천적인 작업으로 연결하였다. 순수 이론보다는 항상 설계 원리를 염두에 두었고, 문헌자료에 얽매이지 않고 체험과 실천적인 작업을 더 중요시 하였다. 20여 건의 설계 프로젝트나 문화재 보존운동에 동참한 것도 모두 실천과 연관된 것이다.

　지내놓고 보니 인생의 도정에 여러 갈림길을 만났지만 나는 어떤 길을 가야 할 것인가에 대해 심각히 고민해 본 적이 없다. 이성으로 판단하고 내 의지로 선택하였다기보다는 내가 알 수 없는 어떤 것에 끌려갔다고 생각한다. 내가 스승을 찾아간 것이라기보다는 내가 가는 길가에 새로운 스승이 있어서 나를 인도한 것이 아닌가 싶다.

　조국정 선생님을 만나서 예술적 소양을 쌓았고, 윤장섭 선생님을 만나서 학문하는 태도를 배웠으며, 알빈 신부님(작품)을 만나서 신앙과 설계를 배웠다. 세 분은 참으로 고마운 분들이다. 세 분의 선생님은 내 마음속에 영원히 살아있을 것이다.

(학회지 건축, 2011년 3월 게재)

하느님의 집,
하느님
백성의 집

전례쇄신과 교회건축

우리는 그리 잘 알지 못하는 사람이라도 그가 살고 있는 집을 방문해 보면 그와 그 가족의 생활이나 인품을 대강 알 수 있다. 집은 생활을 담는 그릇이기 때문에 아무리 가장하려해도 집주인의 성격과 그 가정의 생활상이 물리적 실체인 집을 통해 드러나기 마련이다.

교회건축도 마찬가지다. 전례라는 기능을 담고 있는 성당은 교회문화의 표상인 동시에 시대와 신앙의 내용을 반영한다. 높고 긴 장축(長軸)의 서양 중세 고딕성당은 종말론적인 경건주의 신앙을 나타내고, 중앙 집중적인 근대성당은 육화론적인 신앙체계를 반영한다. 우리의 교회건축도 그간 1백 년의 역사를 통해 한국 가톨릭 문화의 표상으로서 시대와 신앙을 반영하며 다양하게 변천, 발전해왔다. 양식(樣式)에 충실하고자 했던 개화기의 교회건축은 개혁 상상으로 충만한 당시의 천년왕국주의적 신앙자세를 반영하며, 내부공간보다는 외관 특히 종탑과 정면의 상징성에 치중했던 일제시대의 교회건축은 현세 도피적이고 내세주의적인 신앙 체계를 반영한다. 그리고 6.25전란 후의 성곽형 종탑의 석조 교회건축은 하느님이 보호하는 견고한 성으로서 신비주의적이고 종말론적인 경건주의 신앙태도를 보여준다.

제2차 바티칸 공의회 이전까지는 중세와 같은 사제중심의 전례로서 신자들의 참여는 수동적이었다. 즉 말씀의 전례가 경시되었고, 성찬의 강조점이 나눔을 통한 일치보다는 봉헌에 있었다. 따라서 중세적인 긴 장축형 성당이 선호되었다. 반면 제2차 바티칸 공의회 이후는 사제가 신자를 향하여 한국어로 집전하고 의식이 간소화되는 등 전례의 쇄신으로 능동적인 참여가 가능한 형태의 성당이 추구되었으며, 교회는 '그리스도의 몸'인 동시에 '신앙공동체의 집'으로 표상되었다. 그리하여 60~70년대에 새로운 개념과 형태의 다양한 교회건축이 시도되었다. 그러나 이념이 실제 전례형태와 내부공간의 구성에 연결되지 못하고 외형에만 치우치는 경우가 많았다. 즉 중앙집중형 성당도 신자석의 배열은 대부분 일방향이며 중앙에 배치했던 제대는 거의가 종전처럼 한쪽으로 옮겨졌다.

1960년대에 지어진 대구의 N성당이 좋은 실례다. 교회건축가로 유명한 오스트리아인 건축가가 설계한 이 성당은 정방형 격자상에 배치된 단순 명료한 입방체의 건물인데 제의실을 제외하고는 일체의 칸막이가 없이 내부가 십자형 콘크리트 기둥에 의해 분절되며, 몇 단 낮은 중심부의 한 중앙에 제대가 위치하고 주변부의 좌우에 감실과 세례반이 위치한다. 제2차 바티칸 공의회의 정신을 명확하게 구현한 건물로서 초대교회와 같이 사제를 중심으로 모든 신자들이 성사에 적극적인 참여가 가능한 형태였다. 그러나 몇 년 전 대대적인 보·개수공사를 통해 제대를 한쪽 끝으로 옮기고 출입구를 바꾸어 내부구조를 종축(縱軸)의 장방형으로 개조하였다. 제대를 중심으로 한 구심적인 배열이 한국 신자들과 성직자들의 보수적이고 일방적인 예배형태에 맞지 않았기 때문에 오랫동안 습관화 되어왔던 종축 장방형의 배열로 되돌아간 것이다.

오늘날 교회건축은 평면도 외관도 다시 장방형으로 되돌아가는 듯하다. 값비싼 재료와 감각적인 기교로 장식에 치중할 뿐 내부공간은 단조롭기 짝이 없다. 우리는 아직도 제2차 바티칸 공의회의 전례정신을 교회건축에 제대로 구현하지 못하고 있다. 교회의 세속적인 기능을 과감하게 수용하면서도 전례에선 각자가 사제의 인도를 받아 한 방향으로 나아가는 획일적인 전례를 선호한다. 미사 중 신자들이 서로 마주보거나 눈길이 마주치는 것을 어색해 한다. 성가대와 봉사자 그리고 앞에 앉은 일부의 신자들 외에는 제단이라는 무대 위에서 공연되는 '굿이나 보고 떡이나 받아먹는' 낯선 국외자나 묵묵한 방관자이기 일쑤다.

신앙을 생활화하지 못하는 형식적인 신앙에 대한 반성과 우려는 어제 오늘의 이야기가 아니다. 양적으로는 괄목할 만한 성장을 한 한국 교회가 정신적인 면에서는 나약해지고 있음이 전례와 교회건축에 그대로 나타나고 있다. 동양 최대의 성전을 건립하는 것도 좋고 '오랜 세월'을 계획하는 대성전 건립도 의미가 있다. 그러나 신자들의 이중적인 신앙체계와 물량주의가 그러한 초대형 성당에 그대로 나타나지 않을까 우려된다. 왜냐하면 아직 교회신축의 이념이나 명확한 개념을 건축 프로그램이나 투시도에서 찾아볼 수가 없기 때문이다.

전례의 적응과 쇄신은 교회가 살아남을 수 있는 유일한 길이자 가장 적절한 방법이다. 적응을 해야 하는 가장 큰 이유는 교회는 시대와 장소에 맞게 그리스도의 육화를 끊임없이 연장시켜 나가야 한다는 교회의 본질에서 찾을 수 있기 때문이다. 그리고 이것은 오직 교회가 선포하고 기념하는 신앙을 통해서만 이룰 수가 있다. 교회의 전례가 민족의 문화와 전통을 바탕으로 뿌리를 내릴 때 그에 걸맞은 건축문화도 꽃피울 수 있을 것이다.

(가톨릭신문 방주의 창, 1994년 2월 13일 게재)

주객이 전도된 성당, 성당답다?

– 종교건축의 이념과 가치, 그리고 진정성 –

최근 한국 성당건축의 외관 형태 이미지에 관한 연구논문을 보고 큰 충격을 받았다. 일반 신자들이 가장 성당다운 성당으로 생각한 건물은 하나같이 전례정신과 무관하여 지어진 절충형태의 진부하고 인습적인(더러는 우스꽝스럽기조차 한) 건물들이었고, 오히려 전례의 풍요로움을 반영한 인상적인 내부공간의 것은 성당답지 않은 것으로 조사되었다. 사진에 의한 설문조사라는 한계가 있긴 하지만 전국적으로 계속 지어지는 무국적의 중세풍 성당을 볼 때 우리들의 건축문화에 대한 인식수준에 심각한 우려를 금하지 않을 수 없다.

종교는 초자연적인 영적 세계와 그곳에서의 존재(신)에 대한 믿음, 그리고 그러한 존재의 힘을 빌어 이상적인 새로운 삶에 대한 소원을 달성하기 위한 실천으로서의 의식의례행위(전례)다. 그리고 종교적 믿음과 실천은 상징을 통해 이해되고 표현되며, 전례를 통해 초월적인 존재-신과 만나기 위해 성소공간이라는 특수한 종교건축공간이 요구된다. 따라서 종교건축의 본질은 무엇보다 '전례라는 기능을 담는 그릇'이라고 할 수 있다.

그릇이 제 역할을 하기 위해서는 그 외적인 덩어리(mass)나 형태보다

속의 비어 있음이 중요하듯이 건축의 본질도 형태나 크기에 앞서 공간, 바로 비어 있는 내부공간에 있다. 그릇을 이루고 있는 재료나 형태, 색깔, 크기는 모두 그 속에 담는 대상의 양과 성격에 좌우되며, 외적형태의 아름다움은 그 다음의 문제다. 따라서 좋은 건축의 관건은 내부공간에 달려 있다.

종교건축이 되기 위해서는 첫째, 전례의 기능에 합당한 내부공간을 이루어야 하며, 둘째, 전례는 상징 언어로 되어 있기 때문에 단순한 기능공간이 아니라 신의 메시지를 전달할 수 있는 상징공간이어야 하며, 셋째, 이를 이루기 위한 방법과 결과로서 합리적인 구조와 아름다운 외적형태가 그 다음에 존재하는 것이다.

우리의 현대 종교건축은 내부는 강당형태이고 외관은 인습적인 형태—중세풍의 교회와 한옥절충의 법당—가 주를 이루고 있다. 우리 가톨릭 신자들은 명동성당과 같은 고딕양식이 가장 가톨릭적이라고 생각하며 이를 원한다. 고딕양식이 시대와 지역을 초월해 가장 적합한 성당건축양식이라는 데는 동의하지 않지만 고딕건축이 갖는 종교건축으로서의 '도덕성'과 '진정성'의 가치는 부정할 수 없다.

그런데 우리는 대부분 고딕양식을 오해하고 있다. 고딕양식의 정수는 높이 치솟은 뾰죽탑이나 뾰죽아치의 외관형태, 화려한 조각장식에 있는 것이 아니라 가톨릭 전례의 상징적 의미와 기능, 구조, 형태가 일치된 '진정성'에 있다. 즉 공간, 구조, 빛 등 다양한 여러 요소들이 모여(위계적인 분절) 하나의 정신으로 유기적 통일체를 이루는 내부공간형태가 중세의 봉헌위주의 전례와 '하느님 집'의 구현에 가장 적합하였기 때문이다.

그러나 우리는 고딕양식과도 '봉헌'과 '나눔'의 현대 가톨릭 전례개념과도 무관한 강당형태의 단일 내부공간에 고딕양식의 외피를 본딴 장식요소들로 치장한 절충식 건축을 고딕양식으로 오해함으로써 진정성이 결여된 시대착오적인 성당건물을 양산하고 있다. 다시 말하면 종교건축은 신앙의 원천인 전례의 본질에서 나온 전례형태, 그리고 그것을 합당하게 담을 수 있는 내부공간형태가 우선하고, 이를 이루기 위한 수단으로서의 구조와 결과로서의 외관형태가 존재하는 것이다. 그러나 우리는 그 가치기준을 '크기와 편리의 기능성'에 두고 '장식적이고 과시적인 외관형태'를 먼저 생각하며, '성물과 장식으로 거룩함을 표현'하고자 함으로써 내부공간형태의 역동성과 상징성이 실종되고 있는 것이다.

건축의 이념이 쇠퇴하고, 상징보다는 기호(사인), 장식과 감각적인 표현에 집중하는 현대건축의 한 흐름도 있지만, 언제나 종교건축의 본질인 거룩함은 구조 및 시공의 성실성과 재료의 진실한 표현인 건축적 진(眞), 기능과 효용성의 건축적 선(善), 그리고 정서적 아름다움의 건축적 미(美)에 있다.

왜 우리는 유아세례가 대부분인 유럽의 성당에도 필수적인 세례대가 사라지는지? 성소에 들어가는 준비와 과정공간으로서의 배랑(narthex)이 극장 로비처럼 되는지? 신자들은 사제(주연)와 성가대(조연)의 전례(공연)를 구경하는 관객이 되기를 스스로 원하는지? 가난의 정신, 환경보호와 생명운동 운운하면서 주변을 압도하는 성전을 지어야하는지? 건축과정에 모두가 '진정성'을 갖고 참여하는지? 곰곰이 생각해 보았으면 한다.

(가톨릭신문 방주의 창, 2007년 3월 25일 게재)

독일의 고속도로 성당

-고속도로 성당을 제안한다.-

남부독일의 고속도로를 달리다 보면 바덴바덴 부근 휴게소 근처 황량한 벌판에 우뚝 선 피라미드 형태의 건물이 오가는 여행자와 운전자의 눈길을 끈다. 여행자의 수호신 성 크리스토퍼에 봉헌된 고속도로 성당이다.

"잠깐 멈추고 쉬어 가거라! 여기서 너의 물음에 대한 답을 찾아라! 너의 생활과 일에 대한 의미를, 너의 슬픔에 대한 위안을, 그리고 일상의 스트레스로부터 평화를, 새로운 출발을 위한 힘을 찾아라!"

이전에는 교회가 도시나 마을의 심장이요 중심을 이루었으며 지나가는 여행자들은 반드시 그 교회를 방문하였다. 중세시대에는 나그네와, 순례자 그리고 여행자에게 기도를 할 수 있도록 경당과 십자가를 갖춘 공간이 길가에 제공되었다. 이것은 한편으로 기도의 장소를 제공하는 역할을 했으며, 다른 한편으로는 인간이 하느님을 다시금 상기하게 하는 역할을 하였다. 그러나 오늘날의 위대한 고속도로는 도시를 빠르게 연결하고 교회는 주요한 교통의 흐름에서 멀리 벗어나 있게 되

었다. 길가 경당과 십자가가 현대사회 생활공간에 맞게 변형된 것이 바
로 독일의 고속도로 교회다.

독일의 12,000km에 달하는 고속도로에는 28개의 고속도로 교회가
있다. 이중에는 가톨릭 성당도 있고, 루터파 교회, 개신교 교회도 있
는데 불과 20~50 좌석의 작은 경당이지만 더러는 본당인 경우도 있으
며, 주말에는 시간차를 두고 다른 종파의 전례도 같은 장소에서 거행
되기도 한다. 이들 교회는 여전히 전통적인 교회가 그랬던 것처럼 심신
이 지친 사람들을 안으로 초대한다. 따라서 고속도로 교회는 현대사회
의 빠른 생활패턴과 대립되는 공간일 수 있으며, 인간이 신과의 만남
을 추구하거나 휴식을 취할 수 있는 공간을 자청하는 곳이다. 1958년
이후 해마다 증가하는 독일의 고속도로교회는 사고율 감소에 큰 역할
을 하고 있기도 하다.

우리의 고속도로 수준도 독일에 못하지 않다. 우리나라의 경제발전
과 선진화의 모습을 여러 곳에서 느낄 수 있지만 특히 눈에 띄는 것이
전국의 고속도로망과 휴게소 시설 특히 화장실의 개선을 들 수 있다.
우리는 전국 어디서나 30분 이내에 고속도로를 이용할 수 있는, 반나
절 문화권의 고속도로시대에 살고 있다. 지능형 교통 체계(ITS)의 구축
과 휴게소 시설의 고급화, 여가시간의 증가로 이제는 고속도로와 휴게
소가 빠른 이동과 단순한 휴게가 아니라 머물고 싶고 다시 찾고 싶은
일상 생활문화공간으로 변해가고 있다.

그러나 끊임없이 늘어나는 교통량과 대형사고의 위험에 운전자들은
극도의 긴장감을 느끼며 주행하고 있다. 매우 높은 자동차의 소음, 시
각적으로 보이는 자동차의 홍수와 작은 움직임의 자유를 억압하는 끊
임없는 집중화와 정체화는 물리적이고 정신적인 고통의 근본적인 요

소들이다. 이러한 요소들은 차도 주변의 휴식공간이 물리적인 그리고 육체적인 휴식공간만이 아니라 정신적인 휴식의 공간까지도 요구하게 된다. 이런 점에서 독일의 고속도로 교회는 우리에게 많은 점을 시사해 주고 있다.

고속도로 교회는 여행자와 운전자에게 교통사고에 대한 두려움과 운전의 스트레스에서 묵상과 심신회복의 기회를 제공할 뿐만 아니라 주말의 정체 속에서 자칫 거르기 쉬운 주일의무를 할 수 있게도 한다. 또한 본당의 한계를 넘어 다른 지역 신자들과의 만남도 이루어지고, 일반인에게 교회를 안내하는 접촉처가 될 것이며, 시간차를 두고 다른 종파의 전례도 수용함으로써 교회일치에도 도움이 될 것이다. 우리도 이제 고속도로 교회를 현대 한국교회의 한 유형으로 생각해 보았으면 한다.

(가톨릭신문 방주의 창, 2007년 4월 22일 게재)

제2차 바티칸 공의회 전례와 대구 내당동 성당

세계적인 교회건축가 오토카 울(Ottokar Uhl)이 설계한 대구 내당동성당
(1966년 건축)은 제2차 바티칸 공의회의 건축이념을 가장 명확히 반영한
현대교회건축의 모델로 주목을 받았던 건물이다. 이 건물은 정방형
격자 상에 배치된 단순명료한 입방체로 5m×5m×3m(높이)의 단위매스
(mass)가 가로 세로 5열씩 모두 25개로 구성된 1층으로부터 네 모퉁이에
서 차례로 줄여나가면서 4층으로 중첩되어 전체적으로 피라미드 형태
를 이루고 있다. 상공에서 보면 십자가를 3중으로 겹쳐놓은 형상을 하
고 있고, 그 십자가에는 천창이 뚫려있다.

　　내부공간은 제의실을 제외하고는 일체의 칸막이가 없으며 오직 십자
형 콘크리트 기둥과 빛의 위계에 의해 제단과 신자석, 주변회랑이 분절
될 뿐이다. 한 중앙에 제대가 위치하고 감실과 세례대는 제단과 멀리
떨어진 독립적인 장소에 놓여있다. 마치 아레나(경기장)처럼 가장 낮은
한 가운데 제대를 중심으로 ㄷ자 형태로 신자석이 배열되었다. 사제는
말씀의 전례 때는 제단 안쪽의 사제석에서, 성찬의 전례 때는 제단 가
운데로 나와서 전례를 집전한다. 제대를 중심으로 한 중앙집중적인 전
례형태와 모듈화된 단순성, 전례를 구성하는 각 요소(행위)의 상징성과
장소성의 개념이 내부공간형태에 뚜렷이 표현된 건물이었다.

　　그러나 지은 지 20년 만에 대대적인 보·개수공사를 통해 제대를 한

쪽 끝으로 옮기고 출입구를 바꾸어 내부구조를 종축의 장방형으로 개조하였다. 개조한 이유는 미사 시 신자들 간에 서로 눈이 마주쳐 분심이 들고, 사제의 시각에 다 들어오지 않는 좌석 배열의 불편 때문이었다. 제대를 중심으로 한 구심적인 배열이 한국 신자들과 사제들의 보수적이고 일방적인 예배 형태에 맞지 않았기 때문에 오랫동안 습관화되어 왔던 종축 장방형으로 되돌아간 것이다. 신자들의 적극적이고 능동적인 참여를 고무하는 제2차 바티칸 공의회 전례공간의 본질적인 이념이 실제에 있어서 수용되지 못한 결과를 보여주는 사례가 되어왔다.

　개조한 지 20년이 지난 지금 다시 본래의 모습으로 되돌리는 계획을 본당신부님을 중심으로 추진하고 있어 여간 기쁘시 않다. 사진속의 미사 모습을 곧 볼 수 있는 날을 기대해 본다.

(가톨릭성신학보 2010년 12월 게재)

최초의 한옥성당, 고산 되재성당

박해시대에 이미 전통한옥의 내부를 개조하고 가변적인 치장으로 전례의 기능을 수용하였던 한국 천주교회는 신앙의 자유를 맞이하자 더 본연의 전례형식을 수용하기 위해 본격적인 교회당을 짓게 된다. 그 최초의 건물이 서양식 벽돌조의 약현성당(1892년 준공)이고, 두 번째의 건물이 본당으로 지어진 최초의 한옥성당인 되재성당(1895년 준공)이다.

박해시대 유서 깊은 교우촌이었던 완주군 고산면 되재에 지어진 되재성당은 장방형 평면에 단층 팔작기와지붕의 순수한 한옥구조로 재래 한옥과 달리 정면을 장방형의 짧은 쪽에, 즉 재래건물의 측면에 두었던 것이다. 이는 서양 교회건축의 기본인 바실리카(삼랑식) 형식의 길고 깊숙한 공간구성을 위해서 건물의 정면과 측면의 축을 바꾼 것이다.

제2대 고산본당 비에모(Villemot) 신부가 1894년 본당의 부지가 선정되자마자 공사를 시작하여 1895년 사제관과 함께 준공하였다. 주요 자재는 논산군 은진면에 있는 쌍계사를 헐은 부재를 이용하였으며 동학란으로 공사가 중단되기도 하였다. 한때 400명에 이르는 큰 본당이었으나 차츰 신자들의 이주가 늘어 공소가 되었으며, 한국전쟁 때 성당 건물이 전소되었고 그 자리에 시멘트블럭조에 슬레이트 지붕을 얹은 공소건물을 세웠으며, 2004년 문화재로 지정되면서 발굴조사를 통해 2009년 신축 당시의 모습으로 복원되었다.

원 모습은 뮈텔 주교의 일기와 사진자료 등을 통해 확인할 수 있다. 담으로 둘러싸인 일곽의 중앙에 성당이 출입구 대문을 향해 동남향 종축으로 배치되었으며, 사제관이 그와 평행하여 좌측에 배치되었다. 성당건물은 팔작기와지붕의 순순 한옥으로 정면횡간이 보칸으로 좌우 툇간 1칸씩을 합쳐 5칸이며, 측면은 종간 도리칸으로 앞뒤 툇간을 합쳐 9칸이다. 앞과 좌우의 툇간은 외부툇마루이고, 뒤퇴간은 제의실로 쓰여 성당 내부공간은 3칸×7칸이며, 신자석은 5개의 중앙열주와 간벽에 의해 남녀석이 뚜렷이 구분된다. 정면 중앙에 1칸의 종루가 붙어있고, 종루 꼭대기에 십자가가 있다. 특이한 점은 좌우 툇마루가 하나로 연속되지 않고 내부로 출입문이 있는 곳에만 한 칸씩 건너 설치되어 있다. 많은 사람들이 신을 벗고 출입하기 쉽게 하기 위함이다.

되재성당의 복원으로 토착화한 초기 한옥성당의 실증적인 모습을 볼 수 있으나, 종루의 변경된 위치와 과도한 부재의 크기 등, 다소 아쉬운 점이 있다.

(가톨릭 성신학보, 2011년 12월 게재)

한양절충식 성당, 안성 구포동성당

경기도 안성군에 위치한 구포동 성당은 프랑스 신부 꽁베르(Antonius Gombert, 孔安國)가 1922년에 지은 것으로, 명동성당 내부공사를 감독하고, 전주 전동성당을 설계한 프랑스인 프와넬(Victor Poisnel) 신부가 설계하였으며, 1955년에 로마네스크 풍의 벽돌조 정면 입구와 종탑을 증축하였다. 여기에 쓰인 기와와 돌, 그리고 목재일부는 안성군 보개면 동안리에 있던 서원건물을 헐어 썼다. 1925년 덕원 수사원 목공부 출신의 원제동 씨에 의해 지금과 같이 제대 뒷벽면 조각장식이 이루어졌다.

  한식 중층구조인 구포동 성당의 평면은 정면 5칸, 측면 9칸의 장방형이나 작은 익랑의 구성이 보이는 전형적인 바실리카식 라틴 십자형이다. 내부열주에 의해 신랑과 측랑의 구별이 뚜렷한데, 측랑의 공간은 툇칸으로 천장이 낮고 상부에 갤러리를 두고 있다. 정면 종탑부 하부는 개방되어서 배랑의 역할을 하고, 종탑부와 입구 한 칸이 2층을 형성하여 성가대석으로 쓰이고 있다. 종탑부에는 3개의 뾰족한 탑이 있는데, 가운데는 끝이 4각에서 8각형으로 접히는 브로우치형 첨탑(broach spire)이고, 양쪽의 것은 사각뿔로 되어 있다.

  외벽은 화강석 기초 위에 창대 아래까지는 돌로 쌓고, 상부는 목조 심벽구조로 프라스터 마감이며, 창은 1층은 오르내리창이고, 고창은 미서기창으로 되어 있다. 지붕가구는 왕대공 트러스구조이며 4개씩의

2층 기둥이 평보를 받치고 있다. 즉 내부기둥을 고주(高柱)로 하지 않고 퇴보 위에 층단변주(層段邊柱)와 퇴보의 연장 캔틸레버 위에 2층 내부 변주를 세워 보를 받치고 있다. 이는 재사용한 기둥 길이의 제약 때문인 듯하다. 기둥 단면은 가늘어져서 훨씬 서양식 목조기둥에 가깝고, 서양주범(order)의 디테일을 기둥에 직접 조각하였다. 특히 제단 뒷벽에는 4개의 이오니아식 주두를 가지고 플류팅(세로홈, fluting)이 되어 있는 4개의 편개주(pilaster)와 4각의 무늬를 조각하였다. 천장은 목재 마감이며, 바닥도 목재 장마루이다.

처음 축성시의 사진을 보면, 정면에 전혀 장식이 없고, 내부공간의 형태와 구조를 그대로 반영한 외곽에 불과한 입면을 가지고 있다. 외부의 허식적인 것을 피하고 단순한 외관으로 처리한 서양 초기 바실리카식 성당(Basilican church)과 일맥 상통하다고 볼 수 있다. 구포동성당은 라틴십자형의 삼랑식 평면과 열주 아케이드, 광창으로 구성되는 2단 벽면구성, 서양식 내부장식 등 앞서의 한옥성당 보다는 더욱 그리스도교의 전례에 충실한 내부공간을 이루고 있다. 잘 보존된 한양절충식 성당의 드문 사례로 경기도 기념물 82호로 지정되어 있다.

(가톨릭 성신학보, 2012년 6월 게재)

알빈 신부와 김천 평화동성당

알빈 신부가 설계한 국내 최초의 성당 건물인 평화동 성당은 김천시가
한 눈에 내려다보이는 언덕에 자리 잡고 있다. 성당의 진입은 경사로를
따라 언덕을 오르게 되는데 접근하면서 먼저 건물의 측면과 배면의 단
순하지만 적절히 분절된 매스(mass)를 대하게 된다. 탈양식적인 창나누
기와 검소한 외관이 성당으로 느껴지지 않는다. 그렇지만 개신교 교회
당 같지는 더욱 아니다. 정면에 이르게 되면, 그리고 7성사를 상징하는
7개의 출입문을 통해 내부에 발을 들여놓게 되면 범상치 않은 성당임
을 누구나 느끼게 된다.

성당의 정면은 좌측에 연결된 사제관, 가운데 7개의 출입문, 그리고
우측 모서리의 종탑이 비대칭적이며 기하학적인 구성을 하고 있다. 평
면은 장방형으로 신랑과 측랑의 구분이 없는 강당형(hall church type)이
지만 내부공간은 예수의 5상을 상징하는 천장의 5줄의 직선적인 패턴
이 제대 뒤편 십자가와 감실에까지 연결되어 제대를 향한 장축의 강한
방향성을 구현하고 있다. 내부공간도 외관만큼 단순하고 검소한 재료
로 마감되어 있으며, 색유리를 사용하지 않고 창살나누기와 깊은 루버
로 다양한 자연광을 끌어들이고 있다. 다만 제단 벽에는 12사도를 상
징하는 12개의 사각 창을 뚫었는데 독일에서 가져온 옅은색의 슬랩글
라스가 끼워져 있다.

성스러움을 신비스러운 빛의 연출이나 장식적인 내부 치장에 의해서가 아니라 재료와 구조의 솔직한 표현, 밝고 기능적인 공간 구성으로도 달성할 수 있음을 보여준 건물이다. 소양로성당과 함께 한국 최초의 근대적인 교회건축물이다.

베네딕도회 독일인 신부 알빈(Alwin Schmid, 1904~1978)은 일찍이 북간도 연길교구에 파견되어 사목활동을 하였고, 공산정권에 의해 감옥생활도 하였으며 독일로 추방된 후 스스로 건축가로 변신하였다. 평화동성당의 설계를 계기로 1960년 왜관에 다시 돌아와 건축설계와 미술작업을 하였는데 세상을 떠나기까지 18년 동안 122개소의 성당(경당, 공소포함)을 이 땅에 설계하여 지었다. 당시 역사적 양식의 혼합과 절충주의를 벗어나지 못했던 한국 건축계의 상황에 비춰볼 때 이는 실로 놀라운 작업이 아닐 수 없다. 그는 수도원에서 혼자 작업을 하였고, 건축계에 잘 알려지지 않았으며 제대로 평가받지도 못하였다. 그러나 그는 교회건축에 있어서 뿐만 아니라 한국건축사에 있어 모더니즘(근대주의)을 수용한 선구자로 영원히 기억될 것이다.

(가톨릭 성신학보, 2012년 6월 게재)

동양과 서양의 아름다운 만남

- 대한성공회 서울대성당 -

서울 도심 중의 도심에 위치하면서도 번잡함과 소란함으로부터 잠시
벗어난 거룩한 곳, 중세 유럽의 성채(城砦)에 온 것 같으면서도 한국적인
정서가 물씬 풍기는 곳, 덕수궁 북쪽 영국대사관 입구에 자리 잡은 대
한 성공회 서울대성당(1926, 서울시 유형문화재 35호)이다. 국내 유일한 완전한
로마네스크 양식의 건물로 내부 제단 모자이크와 공간구성이 뛰어난
건물이다. 국내에는 서양 중세양식의 교회건축물이 더러 있다. 하지만
대개가 성직자의 설계에 의한 절충 또는 변형된 양식이지만 성공회 대
성당은 한국 전통문화에 조예가 깊은 주교와 영국인 건축가의 치밀한
계획과 설계로 지어진 국내에선 가장 양식에 충실한 건물이다.

　이 건물은 대한 성공회 3대 주교인 트롤로프(M. N. Trollope, 1862~1930)
주교의 주도로 영국인 건축가 아더 딕슨(Arthur Dixon, 1856~1929)의 설계에
의해 1922년에 착공하였으나 자금사정으로 인해 1926년 부분 준공하
였으며, 미완성인 채로 70여 년 사용하다가 교회 창립 100주년 기념으
로 증축·완공하였다. 애초 설계의 모습은 모델사진이 유일한 자료였
으나 영국의 한 도서관에서 원 설계도면이 발견됨으로써 원래 계획대
로 건축할 수가 있었다. 트롤로프 주교는 일찍이 강화성당 주임신부 때

순수한 한식 목조건물로 서양의 바실리카식 교회공간구성을 완벽하게 구현한 강화성당(1900, 사적 424호)을 지어 성공회의 토착화 의지를 성명한 바 있다. 이후 성공회는 그리스도교 문화의 한국 전통문화와 융합할 수 있는 표상으로서 성당건축을 줄곧 추구하였다.

서울 대성당은 완만한 경사지에 동쪽에 제단, 서쪽에 출입구 정면을 두고 동측의 낮은 대지를 이용하여 지면과 동일한 레벨에 반지하 소성당(crypt)이 구성되어 있고, 그 위에 2개 층의 대성당이 있다. 전체적인 형태는 중앙 종탑을 중심으로 11개의 탑 등 크고 작은 여러 매스가 위계적으로 조합된 이중 라틴 십자가형(Double Latin Cross)이다.

구조는 벽돌 조적구조이며, 외벽을 구성하는 마감재료는 화강석과 적벽돌이다. 강화도산(증축부분은 중국산)인 화강석은 기초부와 전후면 및 측랑 단부, 처마 밑이나 아치둘레에 쓰여 졌으며, 적벽돌은 나머지 외벽과 블라인드 윈도 등에 쓰이고 있다.

1층 대성당은 좌우 열주에 의해 주랑과 측랑의 구분이 뚜렷한 삼랑식으로 입구로부터 배랑(narthex), 회중석 외진(外陳)과 교차부(crossing), 그리고 내진(內陳)으로 구성되어 있다. 내부 벽면은 열주의 아케이드와 상부측창 클리어스토리(clearstory)의 2단 구성으로 되어있다. 기둥은 엔타시스를 가진 화강암의 석주로 사각형 주초 위에 원통형 주신(柱身), 그 위에 주두(柱頭)를 얹었다. 천장은 목조 왕대공 트러스이며, 측랑은 회반죽으로 마감된 그로인 볼트(groin vault)다. 반지하 소성당은 이중 측랑과 벽돌조적 볼트 천장으로 구성된 정통 로마네스크 공간으로 가운데 트롤로프 주교의 묘비 황동판이 놓여있고 그 아래에 영구가 안치되어 있다.

로마네스크 양식의 성당 내부는 다양한 요소들의 조합으로 고딕성당에 비해 자칫 통일성이 결여될 수 있다. 그러나 성공회 서울대성당은 내진 끝의 돌출 반원 앱스(apse)에 제단 모자이크가 있어 전체의 초점이 되면서 강한 축을 형성한다. 반구형 돔에는 한 손에 책을 펴고 계시는 그리스도의 모습이며, 하부의 벽면에는 성모자와 성인상이 장식되어 있다. 증축 후 끼워진 스테인드글라스는 전통 한식 띠살 창에 대응한 격자문양으로 디자인 되었으며, 오방색을 주조로 하였다.

성공회 서울대성당은 전형적인 앵글로 노르만 양식의 건물이지만 매스의 위계적인 조합과 석재로 번안한 처마의 서까래장식, 전통 격자 창살문양, 한식 기와지붕, 스테인드글라스의 오방색 등 한국 전통 건축 요소를 섞어 씀으로써 한국적 스케일과 풍토에 잘 어울리는 훌륭한 건축물이다.

위계적으로 조합된 외관매스와 내부공간구성은 서양 중세 로마네스크 성당의 이념인 "신을 영접하는 성채(城砦), 보호와 초월적 열망을 지닌 하늘에 이르는 문"을 구현하는 데 부족함이 없다. 그러나 신비스런 경외감이나 초자연적인 영적인 분위기보다는 인간적인 친밀감을 더 느끼게 한다. 그것은 소박한 재료와 구조의 솔직한 표현, 분절된 건축요소, 한국전통의장요소와 세부 디테일에 힘입은 바가 크다.

3.1 만세운동과 70, 80년대 사회정의 실현과 민주화운동의 상징적인 장소이기도 한 이곳은 일제 강점기에 서양인에 의해 설계된 본격적인 양식건축물이면서도 한국전통문화와 융합하였다는 점에서 역사적·건축적 의의가 크다.

(코리아브랜드, Story of Korea 2012년 7월 게재)

서소문 순교성지와 약현성당

'서소문'은 조선시대의 여러 성문 중 동남쪽에 있던 광희문(光熙門)과 더불어 시체의 운반이 허용된 곳이었다. 조선 초부터 이 '서소문 밖 네거리'에 행형장을 두고, 죄인의 시체를 내다 버리거나 죄인을 끌고 가 처형하였다. 이곳은 만초천변의 저습한 하천부지로 취락이 들어서지 않아 형장으로 적합하였는데 17세기 말부터 주변 구릉지에 취락이 들어서면서 신전(新廛)이 설립되었으나 행형장은 그대로 유지되었다. 도성 밖 왕래인파가 많은 장터는 공개적으로 반역행위, 범죄에 대한 경고와 예방의 효과를 기할 수 있었기 때문이었다.

　19세기에 여기서 처형된 사람들은 개항기 이전까지는 대부분이 천주교 신자들이었으며, 당고개와 새남터에서 참수된 시신까지 이곳에 옮겨와 전시되었다. 일제강점기의 가로망 정비와 경의선 철로부설, 의주로의 확장으로 행형장의 흔적은 지워지고, 아현고가도로와 고층 빌딩들이 주변을 둘러싸면서 접근이 어려운 버려진 땅이 되었다. 1977년에 서소문 공원이 조성되었고, 공원의 한 모퉁이, 정확한 위치는 아니지만 가까운 지점으로 추정되는 곳에 순교자 현양비를 세웠으나(1984년), 1997년 지하 주차장 설치와 공원 재단장으로 철거되었다. 다만 1999년 현재의 순교자 현양탑이 세워져 이 일대가 100명이 넘는 천주교 신자가 순교하였고, 한국에서 가장 많은 44위의 성인과 25위의 하느님의 종을 탄생시킨 국내 최고의 순교지임을 알리고 있다.

이곳에는 일찍부터 신앙공동체가 형성되었으며, 1887년 문밖 공소로 출발한 약현공소의 신자수가 1890년에 이르면 문안의 명동성당을 능가하게 되어 1891년 서울에서는 두 번째, 전국에서 아홉 번째의 본당으로 설립되었다. 문밖 본당, 성 요셉본당으로 불린 약현본당은 모본당인 종현(명동)본당보다 본당설립은 늦었지만 성당건축은 5년이나 앞선 1892년에 서소문 밖 네거리(현 의주로 시민공원)를 내려다보는 약현의 가파른 언덕에 건축되었다.

명동성당을 설계한 코스트 신부의 설계와 감독 하에 한국인 청부업자가 시공하였는데 1893년 4월 축성한 후 1905년에 종탑 꼭대기에 첨탑을 올렸으며, 1921년 성당내부의 칸막이를 철거하고 벽돌기둥을 돌기둥으로 교체하는 등 내부를 개조하였으며, 1974년 해체·대보수를 하였고 1977년 사적 252호로 지정되었다. 1998년의 화재로 지붕과 내부가 소실된 것을 2000년 9월 원형으로 복원, 완공하였으며, 서소문공원이 재단장되면서 철거되어 일부 부조만 보관되어오던 순교자현양비(1984년 건립)를 약현성당 초입의 경사지 기도동산에 옮겨 재설치하였다.

시내 쪽을 향하여 배치된 약현성당은 동측에 주출입구 종탑을 둔 삼랑식 평면을 구성하고 있다. 내부는 좌우열주의 아케이드에 의해 신랑(nave)과 측랑(aisle)의 구별이 뚜렷하나 외부는 낮은 단층 지붕으로 드러나지 않는다. 가운데 신랑의 천장은 리브(rib)있는 뾰죽 베렐볼트(pointed barrel vault)이고, 측랑의 천장은 반원형 베렐볼트이나 구조적 개념의 볼트가 아니고 목재에 의한 장식적 의(擬)볼트다. 지붕구조는 일반적인 서양식 목조지붕틀 구조인 트러스가 아니고 목조 아치볼트가 직접 도리를 지지함으로써 외관형태에 비해 천장은 매우 높은 편이다.

내부 벽면은 1층 구성으로 트리포리움(triforium)이나 광창(clearstory)의 구성은 없다. 창의 형태는 뾰족아치가 아닌 원형아치로 되어 있으나, 정면의 출입구와 측면 좌우로 돌출한 출입구 창 부분이 각기 뾰족아치를 이루어 고딕 모양을 하고 있다.

약현성당은 고딕적 요소가 극히 적은 단순한 로마네스크 양식의 벽돌조 건물이지만 한옥성당과 양식성당을 포함해서 우리나라 최초의 본격적인 교회건축으로 이를 통해 트러스 구조와 목조볼트, 벽돌의 자작생산과 이형벽돌의 조적기술 등이 시험·개발됨으로써 명동성당 등 후세의 한국 교회건축의 모범이 되었다. 더불어 천주교 박해시대에 수많은 순교자를 낸 서소문 밖 광장이 내려다보이는 곳에 서 있다는 장소의 역사성으로 한국 천주교회사와 건축사에 있어 중요한 의미를 지니고 있다

학자들의 고증에 의하면 서소문 행형장 순교지는 지금까지 서소문 순교성지로 인식되어 온 서소문공원 순교자 현양탑으로부터 약 100m 북쪽인 서소문 고가도로변에 위치한다. 서소문 공원의 천주교 순교사적지로서의 정비와 함께 그곳에 표지석이라도 설치되었으면 한다.

(헤리티지 전문가에세이, 2012년)

하 느 님 의 집
하 느 님 백 성 의 집

문화재

중국 천주교회와 건축문화

가톨릭문화선양회가 주관한 '중국교회와 문화탐방'단의 일원으로 작
년에 이어 두 번째로 중국을 여행하였다. 반세기 동안 단절된 중국교
회를 직접 방문하고, 성직자, 신도들과의 대화에서 서로의 믿음을 확
인하며, 중국교회와 문화에 대한 이해의 폭을 넓히고자 한 이번의 방
문에서 개인적으로는 교회건축에 대한 자료를 수집하고자 하였다. 북
경의 4당을 포함하여 10 여개의 성당을 사진 촬영하고 간략한 실측과
기초자료를 수집할 수 있었다.

북경의 남당(1652초창, 1905, 6번째 재건)과 동당(1655초창, 1905, 5번째 건축)은 르
네상스양식이고, 이승훈이 영세한 북당(1703초창, 1888이전)과 상해의 사산
성당(1873초창, 1925재건), 서가회성당(1910) 및 심양성당(1880초창, 1917재건)은 고
딕양식, 그리고 서당(1723초창, 1912재건)과 동교민항성당(1904)은 준고딕 양
식이었다. 한편 서안성당(1716)과 소주성당(1892)은 화양정충식이며 사진
자료로 확인되는 귀양성당은 중국 전통양식, 하얼빈성당은 러시아비
잔틴양식, 길림, 연길, 장춘의 성당들은 우리에게 익숙한 일제시대의
강당형 준고딕 성당이었다. 같은 양식도 규모, 평면구성, 내부치장과
공간구성이 다양한데 중국풍의 성화와 주련, 편액, 그리고 주칠(朱漆)로
장식을 한 것이 특히 눈길을 끌었다.

교회건축은 교회문화의 표상으로서 민족과 역사와 신앙의 내용을

반영한다. 비록 오랜 기간 수많은 굴곡의 역사 속에서 갖은 시련과 고통을 당한 중국교회가 재건과 새로운 발전을 시작한지 얼마 되지 않고, 아직도 많은 교회건축물들이 교회로 돌아오지 않았지만 거대한 중국의 스케일과 자치(自治), 자양(自養), 자전(自傳)의 전통을 몇몇의 교회건축물을 통해서도 뚜렷이 느낄 수 있었다. 대체적으로 개항지의 주교좌급 큰 성당들은 르네상스, 고딕, 바로크 등의 서양양식이나 대부분의 작은 성당과 내륙의 성당들은 중국 전통양식이거나 절충식인데, 지어진 시기와 선교단체, 지역에 따라 뚜렷한 특색을 보인다.

최근 관심을 끄는 중국 근대건축사 연구에서도 교회건축은 중요한 영역을 차지하고 있다. 아직은 1차적인 자료의 수집과 정리 단계이지만 건축양식과 이념에 대한 다양한 주제를 찾을 수 있을 것이다. 이러한 주제들은 중국 근대화의 문화적 위기에 대한 핵심에 접근하는 것이다. 이른바 중체서용(中體西用: 중국의 것을 몸으로 삼고, 서양의 것을 실용적인 쓰임으로 삼는다), 화혼양재(和魂洋才: 중국의 혼을 정신 지주로 삼아 서양의 재능을 이용한다), 동도서기(東道西器: 중국적인 방법을 서양의 형식으로 활용한다)의 사고방식이 교회건축에서 뚜렷이 나타나기 때문이다.

중국 교회건축은 또한 우리 교회건축사와의 관계에서 살펴볼 것이 적지 않다. 왜냐하면 우리 교회사의 시작과 전개에 있어 중국교회의 역할이 지대하였기 때문이다. 프랑스 선교사들의 조선 입국을 준비하는 선교기지가 되었을 뿐만 아니라 조선인 성직자를 양성해 준 곳이었으며, 박해시대 신도들의 피난처가 되기도 하였다. 우리에겐 익숙치 않은 벽돌이나 조적술 등이 중국을 거쳐 들어왔고, 전통 건축문화의 바탕이 비슷한 중국에서의 경험이 이질적인 건축양식의 수용에 많은 참고가 되었을 것이기 때문이다.

반 세기 만에 한국교회와 중국교회는 서서히 접근하고 있다. 초창기의 끈끈한 관계에 못지않는 완전한 친교와 협력의 날과 한중교회사 연구의 새 지평이 열릴 것을 기대한다.

(교회와 역사, 1995년 9월 게재)

진쟈샹(金家巷) 성당의 실측조사

2001년 3월 18일자 가톨릭 신문에 상해의 진쟈샹(金家巷) 성당이 1주일 후 철거된다는 소식이 전해졌다. 중국 상해의 황푸강(黃浦江)의 동쪽 푸동의 중심에 위치한 진쟈샹 성당은 1845년 김대건 신부가 서품을 받은 곳으로 한국 천주교회의 중요한 해외 사적지이다. 1990년 중국과 국교가 회복되고, 진쟈샹 성당의 사제관 1층을 개조해 성 김대건신부의 기념관을 만들어 김대건 성인의 유해, 초상화 등을 모신 1993년 이후 이 곳은 한국 천주교 신자들의 중요한 해외 순례 장소가 되었다.

20여 년 전만 해도 농촌지역에 불과했던 푸동이 1991년 경제특구로 지정되면서 급속도로 성장하여 중국경제의 중심지가 되었고,(현재 중국에서 가장 많은 초고층 건물들이 들어서 있다) 그 중심에 진자샹 성당이 위치했던 만큼 언젠가는 철거될 것이라는 우려가 있었시만 한국교회는 물론이고 상해교구나 상해 한인천주교도 아무런 대책이 없었던 2000년 7월 갑자기 상해인민정부로부터 철거계획을 통보받았다. 당시 부가(付家) 매괴당(枚槐堂) 성당의 부속성당으로 되어있던 진쟈샹 성당 교우들은 상해시 정부의 명령으로 3~4km 떨어진 곳으로 전부 이전하였으며, 진쟈샹 성당에 대한 향수를 잊지 못하는 100여 명의 신자들이 매주 토요일과 셋째 주일 오전 10시에 부가 매괴당 성당의 주임 해건명(解健明) 신부의 집전으로 봉헌되는 미사에 참여하고 있는 실정이었기 때문에 진쟈샹 성당을 계속 유지할 명분도 점차 사라져가는 상황이었다.

상해교구와 신자들의 반발로 다소 늦춰지기는 하였으나 2001년 3월 25일 마지막 미사 후 출입을 통제하고 바로 철거한다는 계획이 발표되었고, 상해 한인교회를 담당하고 있었던 김광우 신부의 긴급한 연락을 가톨릭신문의 장병일 기자가 다급하게 보도한 것이다. 김광우 신부는 몇 달 전부터 새로 짓는 성당의 설계부터 완공까지, 그리고 성당 내에 김대건신부 기념경당 설치 등에 한국 천주교회의 참여와 교회사전문가, 건축설계자의 도움을 호소하였다 한다. 그러나 한국 천주교회의 주교회의나 어느 교구에서도 관심을 보여주지 않았고, 결국 상해교구에서 요구하였던 철거보상은 2km 정도 떨어진 곳에 같은 규모의 성당을 지어주고, 김대건신부의 유해는 20km 떨어진 푸동의 당묘교 성당으로 옮겨 안치하는 선에서 철거를 강행하게 된 것이다. 철거 위치에 '김대건 신부의 수품장소'라는 표석설치와 복원을 위한 실측, 철거자재의 수습 등은 받아 들이지지 않았다.

가톨릭 신문의 급박한 보도를 접한 나는 장병일 기자에게 돌아가는 사정을 알아보았다. 여기저기에 연락하고 있지만 아직 한국에서는 어디에서도 움직임이 없다는 것을 알고, 바로 여행사에 연락하여 (급행) 비자신청을 하고 항공권을 예매하였다. 학기 중이지만 수업을 제쳐놓고서라도 내가 하지 않으면 영영 기회를 놓쳐버릴 것이라는 생각이 들었다. 밤에 상해 김광우 신부에게 전화를 걸었다. 김광우 신부는 약간 흥분한 목소리로 왜 아무도 오지 않느냐고 서울에서의 무관심에 실망함과 현지의 어려움을 토로하였다.(그날 생면부지의 신부로부터 야단을 많이 맞았다.) 늦어도 마지막 미사 2~3일 전에 도착하여야 약 실측이라도 할 수 있을 것이고, 문헌조사를 위해서는 중국어와 한문에 능통한 교회사학

자의 동행이 필요하였다. 다행히 그 다음날 조광교수의 주선으로 교회
사연구소의 서종태 박사가 합류하게 되었고 한국순교자현양위원회에
서 항공비도 지원받았다. 가톨릭신문사 장병일 기자, 평화신문의 이길
재 기자와 절두산성지의 사무장과 나, 그리고 나를 보조할 설계사무소
의 정상호 군으로 '진쟈샹 성당 실측 조사팀을' 구성하였다.

우리 일행은 3월 24일 도착하자마자 곧바로 진쟈샹 성당 실측작업
에 들어갔다. 보슬비가 뿌리는 흐린 날씨였지만 내부 평면부터 스케치
와 병행하여 실측을 하였고, 저녁 늦게까지 진행된 내부실측을 마치고
모인 자리에서 상해 한인천주교 공동체 대표자들은 한결같이 그동안
한국 천주교회가 진쟈샹 성당 보존에 아무런 관심을 기울이지 않은데
대해 매우 서운한 감정을 드러내면서도 늦게나마 한국 천주교회가 교
회사 전문가와 건축 전문가를 참여시켜 활동하게 한 데 대해 다행스럽
게 여겼다. 실측작업은 다음 날 마지막 미사 중에도 계속되었다. 그리
고 그 다음날에도 현장에 가서 미처 확인하지 못한 부속 건물들의 건
축시기, 1949년에 파괴된 고딕성당의 위치와 규모, 양식, 그리고 구내
마당에 있는 우물 등에 대하여 조사하였다.

철거장면을 취재하기 위해 며칠 더 머무르는 동안 심로현(金魯賢) 주교
님을 배알하였고, 김광우 신부가 수집해놓은 자료를 검토하고, 서점과
광계출판사, 도서관, 당안관 등을 찾아다니며 진쟈샹 성당에 대한 자
료를 널리 수집하려고 노력하였다. 이러한 과정에서 김광우 신부와 이
성호 전 총무 등의 한인공동체 대표들과 유학생 김성희 씨 등 상해 한
인 천주교 신자들이 교통편을 제공하거나 길을 안내하거나 통역을 해
주는 등 많은 도움을 베풀어주었다.

우리가 수집한 『상해종교지(上海宗敎志)』나 『천사현지(川沙縣誌)』『양경

향지(洋涇鄕誌)』 등의 자료에 수록되어 있는 진쟈샹 성당의 발전사를 살펴보면 다음과 같다. 명나라 숭정연간(1628~1644)에 김(金)씨 성을 가진 신자들이 돈을 거둬 항(巷) 서쪽에 작은 성당(小堂)을 하나 세웠다. 그리고 뒤에 항 동쪽(지금 진쟈샹 성당이 있는 곳)에 또 비교적 큰 주택(房屋)을 하나 얻어 교당을 만들었다. 1841년에는 남경교구 서리 나백제의 주교부가 진쟈샹 성당에 설치되었고, 다시 돌아온 예수회의 지도자들이 이 성당에서 머물며 숙식하였다. 그리고 이 성당에서 김대건 신부가 1845년 7월 15일에 서품을 받았으며, 나백제 주교의 계승자인 조방제가 1847년에 이 성당에서 주교로 축성되었다. 또한 1872년에는 700~800명을 수용할 수 있는 큰 성당(大堂)을 새로이 별도로 건축하였고, 1922년에 이 큰 성당을 확장하고 수리하여 성당의 모양이 장관이 되었다. 그러나 1937년에 이 큰 성당이 일본군의 폭격에 의해 파괴되었다. 항일전쟁 승리 후 재차 새로운 성당건축을 계획하여 1949년에는 1,000명을 수용할 수 있는 고딕양식의 성당을 준공하였고, 4월 30일 축성하였다. 그러나 한 달도 못가서 국민당 군대에 의해 소실, 파괴되었다. 다시 문화혁명 때 제대, 고상, 성모상 등이 모두 파괴되고 불태워졌으며, 성당 건물은 철공소로 사용되었다. 진쟈샹 성당이 다시 성당으로서의 기능을 회복하여 문을 연 것은 1987년 12월 8일부터였다.

실측결과 이러한 사실이 모두 입증되었다. 현재의 건물의 지붕 가구(架構)형식은 전통적인 중국 목구조의 대량식(擡梁式)으로 기둥을 세우고 그 상부에 대들보를 결구한 다음, 대들보 위에 대공(동자주)을 세워 가구를 구성하는 방식이다. 정면 횡축이 3칸, 측면 종축이 6칸으로 5량(梁架)구조이며 오른쪽 외부에 퇴기둥과 퇴보로 회랑을 형성하고 있다. 두 번에 걸쳐 증축된 것으로 확인되었다. 즉, 제단으로부터 3번째 칸(御間)

을 중심으로 전후 한 칸씩(狹間) 모두 3칸이 원래의 구조이고(처음엔 도리 칸이 정면이었을 것으로 추정됨), 축을 바꾸어 측면이 정면으로 되면서 여기에 전후 한 칸씩 더 붙고, 최종적으로 앞부분에 한 칸이 증축되었다. 이렇게 단정 할 수 있는 근거는 각 횡렬의 가구형태가 상이하고 천장재료 및 벽체재료(전벽돌)에서 증축의 흔적이 보이기 때문이다. 가장 넓은 어간(御間)을 구성하는 3번째와 네 번째의 가구가 똑같고(대들보가 가장 굵고 일반적인 형태다) 첫 번째와 다섯 번째의 가구가 같으며(대들보의 단면높이를 높이기 위해 덧보를 첨가하였다) 마지막 한칸은 가장 단순한 또 다른 모습을 하고 있다. 김대건신부가 1845년 사제서품을 받았을 때는 종축이 5칸(1차 증축) 내지 6칸(2차증축) 규모의 건물로 추정된다. 그리고 그 때는 강남교구의 주교좌 성당으로 쓰이던 때다.

이번의 진쟈샹 성당의 실측조사연구를 통해 얻을 수 있었던 것은 다음과 같다.

첫째, 김대건 신부의 수품장소가 확인되었다.

과거 수품장소가 철거한 성당인지? 아니면 그 옆의 기념관인지? 또는 이 내지의 남아있지 않은 다른 건물이있는지? 의견이 분분하였는데, 건물의 증축사실과 문헌기록, 그리고 중국신자들의 증언을 토대로 확인할 수 있었다.

둘째, 상해에서의 중국식 성당건축의 건립과정을 어느 정도 알 수 있었다.

즉, 명 말 서광계 등의 지식층을 통해 천주교가 수용되었으나, 상해의 구도시보다 황포강 건너 시골에 먼저 성당이 건립되었다는 점, 박해기(18세기, 19세기 전반)를 거쳐 제2차 서세동점으로 상해가 개항되고(1842)

황포조약의 체결(1844)로 선교의 자유가 보장되었을 당시에는 상해에 큰 성당이나 서양식 성당이 전무하였다는 점, 따라서 60여 평에 불과한 진쟈샹 성당이 남경교구 주교좌성당이 될 수 있었다.

셋째, 중국식 성당건축의 구조와 내부공간 구성 및 장식상세 등을 알 수 있었으며, 중국에시의 성당건축 양식의 수용과 토착화 과정도 우리나라와 유사하게 자신의 전통건축 형식으로 서양 가톨릭의 전통적인 전례공간—바실리카식 공간—을 수용하였음을 알 수 있었다.

진쟈샹 성당의 철거는 상해 인민정부의 공안원들과 경찰이 성당 주위를 철저히 봉쇄한 가운데 3월 30일 단행되었다. 그리고 우리가 요청한 철거부재의 일부(대들보와 기둥)는 김대건 신부의 성해(척추뼈)가 안치된 당묘교 성당 구내에 옮겨 보관되었다. 수원교구에서는 김대건 신부가 신학생으로 간택되었던 은이성지에 진쟈샹 성당을 복원하기로 하고 2002년 11월 '은이성지, 진쟈샹 성당의 관계조명'이라는 심포지엄을 열고, 2003년 3월 상해에서 철거부재를 옮겨와 언젠가는 복원될 날을 기다리고 있다. 진쟈샹 성당의 실측조사에서부터 철거부재의 국내반입 및 은이성지 내의 복원설계까지 내가 직접 참여할 수 있었던 것에 대해 감사와 뿌듯함을 느낀다.

(은이성지 복원설계 및 마스터플랜, 2005년)

교회 미술 문화재의 보존과 기록

200여 년의 역사에서 우리 교회가 갖고 있는 문화유산은 건축을 비롯
하여 한글교리서, 서한집, 유품, 성화, 성상, 제구, 등 다양하다. 그간
교회사 연구소와 성지, 박물관 등에서 수집, 발굴·보존하고 있는 량
도 상당하지만 어쩌면 더 많은 유산들이 빛을 보지 못하고 숨어 있거
나 곧 멸실 위기에 처해있을 수 있을 것이다. 그 중 건축물은 상당수가
문화재로 지정·등록되어 보호되고 있고, 서적류와 전적류, 유품 등은
역사자료와 신앙의 증거로 취급되고 있으나 교회미술품은 상대적으로
보호의 사각지대에 놓여 있다. 왜냐하면 대부분 성당장식으로, 전례용
품으로 놓여 있는 교회미술품은 건물신축, 또는 취향에 따라 쉽게 바
꿀 수 있는 상품으로 생각하여왔고 또 교회미술에 대한 우리들의 의식
이 아직 낮기 때문이기도 하다.

　몇 년 전에 일어난 일이다. 타종파의 어느 광신도가 심야에 여러 곳
의 성당 성모상에 페인트를 칠해 훼손한 사건이 있었다. 열성적인 신자
가 독한 약품으로 페인트를 제거하는 바람에 더 구제할 수 없도록 만
들어 버린 일이 있었다. 외국 수도원에서 수공으로 제작한 정교한 세
례대가 쓰지 않고 한구석에 방치되다가 사라져버린 일, 제대 후면 벽
의 벽화가 눈에 거슬린다고 새로 부임한 신부에 의해 벽돌을 쌓아 가
려버린 적도 있고, 스테인드글라스를 통해 들어오는 이웃 건물의 잔

영이 보기 싫다고 합판을 대어 빛을 차단한 경우도 있다. 앞에 언급한 것들은 모두 언젠가 문화유산으로 보존될 훌륭한 예술작품들이었는데 말이다.

최근 서울교구 어느 본당의 10년사를 보고 놀란 적이 있다. 당연히 성당건립이 10년의 역사에서 중요한 부분임이 틀림없는데 규모와 시공회사, 공사비 등만 간단히 기록되었을 뿐 성당건립의 과정과 건축 이념, 건물의 양식과 특색, 설계자, 성미술에 대한 언급은 한자도 없었다. 오랫동안 사제와 신자, 건축가, 미술가가 고민하고 노력하였는데 말이다. 수십 페이지를 채운 사목회와 각 단체의 명단, 활동·기념사진을 넘기다 발견한 그 본당사의 속 표지에 실린 좌우가 바뀐 성당 정면 사진을 보면서 우리 신자들의 문화에 대한 무감각과 무관심, 몰이해, 심지어 무지를 생각하지 않을 수 없었다. 교회 미술품이 전례적인 또는 사목적인 이유로 옮겨지거나 교체될 수 있다. 그러나 생각 없이 하지 말고 기록을 남기자는 것이다.

현재 문화재로 지정 혹은 등록된 개화기 이후의 근대기 종교건물이 유교, 불교, 천도교, 개신교, 천주교 합쳐 88건인데 그 가운데 천주교가 43건으로 가장 높은 분포를 보이고 있다. 이는 천주교회의 건축물에 대한 보존노력이 높다기보다는 서양 선교사와 우리의 신앙선조들이 기록을 충실히 남겼고, 이를 학문적으로 체계화하였기 때문이다.

세계에서 교회건축이 가장 활발한 우리교회는 그 어느 때보다 교회 문화유산에 대한 체계적인 관리가 필요하다. 이를 위해서 우리는 각 교구, 본당, 학교, 수도원, 성지 등에서 소유하고 있는 미술품들을 목록화하는 작업을 서둘러야 하겠다.

(교회와 역사, 2005년 3월 게재)

명동 역사성 지켜가길

영어에 펠림세스트(Palimpsest)라는 단어가 있다. 그리스어 palim(다시)과 psestos(지우다)의 합성어인 이 단어는 '그 위에 다시 쓰려고 본래의 글자를 문질러 지운 양피지'란 뜻인데 먼저의 흔적이 어떻게든 배어있는 것이다. 이전의 건물이 치워진 자리에 현재의 건물이 서 있는 도시의 땅도 이와 같은 성격을 지니고 있다.

도시는 시대문화를 구현하는 유기체로 한 시대에 머물지 않고 성장하고 변화한다. 정상적인 오래된 도시는 그대로 두어도 다 '역사의 펠림세스트'다.

그러나 우리의 도시는 그렇지 않다. 길과 땅을 완전히 새롭게 바꾸는 식의 전면개발과 재개발에 의해 시대의 흔적들이 거의 지워져 가고 있기 때문이다. 조선왕조 600년의 흔적은 물론이고 불과 1세기도 안된 사이에 개화기 이후 역동하던 역사의 산증거물이던 근대건축물들이 거의 사라져 버렸다. 암울했던 일제시대와 참혹한 6.25전쟁은 물론이고 60~70년대 산업화의 흔적도 찾아보기 힘들다. 우리에게 아무런 역사적 기억도 불러내주지 않는 낯선 건물과 가로 속에서 우리는 과거를 잃고 산다.

서울의 이러한 변화 속에서 아직도 도시의 연속성과 역사성을 간직하고 있는 곳을 든다면 역시 도심 중의 도심인 명동이며 그 중에서 명동성당과 그 주변 명동거리일 것이다. 이곳은 우리 근대화의 모체이자 근대역사의 현장이었으며, 한국 천주교회를 대표하는 곳이자 민주화의 성지요 억눌리고 소외된 이들의 마지막 피난처 구실을 하여왔다.

그러나 사적으로 지정되어 보존되고 있는 명동성당을 제외하면 과연 언제까지 그 주변의 역사적 건물과 장소가 보존될 수 있을지 우려하지 않을 수 없다.

우리가 자주 지나치면서도 그 역사적, 문화적 가치를 잘 모르고 넘어가는 경우가 적지 않은데 명동성당 구내만 하더라도 보존해야 할 역사적 건축물과 장소가 상당수 있다. 명동성당 전면 우측에 있는 구조와 내부공간이 변형되었지만 국내에 현존하는 가장 오래된 서양식 벽돌조 건물인 구 주교관(1890년 건축, 현 서울대교구청), 같은 양식의 바로 옆 구 주교관 별관(1920년대 건축, 현 주교숙소), 명동성당 뒤편의 샤르트르성바오로수녀원 구내의 구 서울관구성당(1930년 건축, 현 박물관)과 구 일본인 성당(1928년 건축, 현 교육관) 및 베타니아집(1954년 건축, 현 은퇴수녀생활관), 그리고 국내 최초의 알루미늄커튼월을 사용하는 등 초기근대재료와 건축공법을 상징하는 명동성당 전면의 구 성모병원(1963년 건축, 현 가톨릭회관), 명동의 역사와 함께했던 언덕길, 성모동굴 등이 있다. 이러한 것들은 문화재로 어떠한 등록이나 지정이 되어있지 않아 언제든지 소멸될 수 있다.

현재 명동성당은 수십억 원을 들여 5년째 벽돌보수를 하고 있다. 동시에 명동개발특별위원회를 구성하여 이 일대의 개발계획을 추진하고 있다. 계성초등학교가 이전되었고, '기도와 복음의 중심지인 동시에 3000년대에 걸맞은 문화예술 공간'으로 개발하는 야심찬 계획을 세우고 있고 곧 가시화 될 것이다. 그동안 미뤄왔던 낙후된 환경을 개선하고 명동을 살리는 절호의 기회가 될 것으로 크게 기대하고 있다. 그러나 한편으로는 서울의 마지막 보루였던 이곳마저 과거의 역사와 흔적이 지워진 낯선 곳으로 변하지 않을까 하는 우려도 없지 않다.

명동의 매력은 역사성과 다양성에 있다. 입체적인 지형과 남산, 명동성당 등 다양한 조망, 여러 시대의 다양한 양식과 형태의 건물, 다양한 가구(街區)형태와 가로, 다양한 사람들과의 만남, 인간적 스케일과 건물, 유서 깊은 근대 건축물과 시민의 애환이 깃든 뒷골목, 비좁은 골목에서만 느낄 수 있는 참다운 우리의 것 등, 이 모든 것이 도심의 다른 지역에서는 이미 잃어버린, 명동을 명동답게 하는 요소들이다.

새로운 길을 뚫고 기존의 획지와 가로형태를 바꾸어 첨단 대형건물로 채우는 개발보다는 역사적인 건물과 장소, 길을 보존하고 나아가 그것을 현실에 맞게 개선, 활용하는 것이, 즉 보존과 활용을 조화시키는 것이 참다운 명동의 개발이 될 것이다. 이번 명동성당과 주변의 개발계획에서도 친숙한 도심의 전통적 문화경관이 파괴되지 않도록 역사적인 건물과 터는 어떤 형태로든지 보존되길 기대한다.

(가톨릭신문 방주의 창, 2007년 1월 21일 게재)

유산 관광과 성지순례

- 개발보다 보존이 필요하다 -

관광패턴이 변하고 있다. 과거에는 주로 명승지와 관광지를 찾았으나 주5일 근무제 도입, 고속철도와 고속도로망이 갖춰진 오늘날에는 문화유산답사, 테마관광 등 관광형태가 다양화되고 있으며, 종교사적지도 성지순례뿐만 아니라 유산관광의 대상으로서 주목받고 있다.

그러나 '국토균형발전'과 '지역경제 활성화'의 명분아래 진행되고 있는 지자체의 경쟁적인 관광개발 유혹에 천주교 성지유산과 순례의 본질이 훼손되지 않을까 하는 우려도 없지 않다. 더욱이 '순례'와 '관광'이라는 두 용어의 언어적 퓨전인 '순례관광'에 이미 익숙해지고 있는 우리의 상황에서는 참으로 경계해야 할 일이다.

순례는 '하느님께로부터 특별한 은혜를 얻기 위하여 또는 회개, 감사, 신심의 행위로 거룩한 장소나 성지를 여행하는 것'이다. 순례는 정서적으로 한가한 여행을 의미하지 않는 반면 관광은 즐거움을 위한 여행이다.

현재 전국적으로 천주교 순교 성적지(聖蹟地)와 사적지(史蹟地) 등 약 100여 곳의 성지가 있으며, 지금까지 성지조성은 '개발'의 개념으로 진행되어왔다. 그동안 흩어지고 잊혀진 유물과 유적을 찾고 소요공간의 확보와 순례자를 위한 요구 시설의 건설이 강조되었다. 그 결과 한국의 성지는 성지로서의 외형적인 모습을 갖추었지만 성지 순례의 프로그램이나 공간구성이 비슷하고 대형화와 관광화 등 여러 문제를 안고 있다. 최근 지자체의 개발계획과 연계하여 경쟁적으로 계획되고 있는 성지개발이 충분한 고증이나 계획없이 진행된다면 자칫 성지마다의 특성을 잃고, 남아있는 유산을 훼손할 우려가 없지 않다.

관광과 순례가 지속되려면 문화유산은 유지되어야 한다. 한국 가톨릭 교회의 보물인 성지 유산은 한국 가톨릭 문화의 정체성을 반영하고 가톨릭 문화에 대한 존중을 증진시키고 공동체의 사회적 결속에 공헌한다. 관광객이나 순례객들에게 그들이 접하는 가톨릭 문화의 고유한 가치에 대하여 교육함으로써 일반적으로는 가톨릭 문화를, 구체적으로는 가톨릭 문화유산을 보존하고 보호하는데 공헌한다. 방문할 만한 보존된 유산이 없는 성지에는 순례도 관광도 있을 수 없다는 것은 명백하다. 이제는 개발이 아니라 보존이다.

(가톨릭성신학보, 2011년 12월 게재)

천주교의 상징 명동성당

최근 교구청 신축과 개발문제로 세간의 이목을 집중시킨 천주교 명동성당은 서울대교구 주교좌 성당이며 우리나라 최초의 본당이자 한국 교회의 상징이다.

천주교는 17세기 초부터 중국에 외교사절로 파견된 부연사행(赴燕使行)을 통해 먼저 서학(西學)이라는 학문으로 소개되었으며 18세기 후반에 종교로 발전하였다. 선교사의 전교 없이 오로지 한역 서학서를 매개로 하여 자발적으로 천주교회가 창설되었던 것인데 바로 그 첫 장소가 명동인 것이다. 1784년 최초로 이곳 명례방에서 신앙공동체가 성립되었다. 그러나 조선의 유교사회와 문화에 마찰과 충격을 주게 되었고, 1만여 명이 순교하는 등 혹독한 박해와 수많은 교난을 겪게 된다.

개항 이후 1880년대에 들어와 비로소 종교의 자유를 획득하여 서양선교사들의 자유로운 활동이 보장되고 완전한 교회로 출발하였다. 일제강점기 때 현세도피적인 구령종교의 성격을 띠긴 하였지만 교세는 계속 성장하였으며, 1970~80년대의 민주화 운동에 앞장서기도 하였다. 한국 천주교는 초기 혹독한 박해를 받았지만 세계 종교-기독교, 불교, 유교-와 함께 공존하면서 세계 그리스도교 교회에서 가장 역동적인 공동체로 성장하였다.

경사지 구릉의 언덕 정상부에 위치한 명동성당은 세로날개의 길이

가 가로날개의 길이보다 긴 라틴십자 형태다. 내부는 가운데 주랑(主廊)과 좌우 양 측랑(側廊)으로 구성된 삼랑식으로 6개의 회중석 베이(bay, 間)와 교차부, 2개의 성단(聖壇) 베이와 돌출한 5각 앱스(apse)로 구성되고 앱스 주위는 제의실로 쓰이는 보회랑이 둘러싸고 있다. 내부 주랑벽은 횡단아치 1개로 지지되는 아케이드와 4개의 뾰죽아치로 연속되는 어두운 공중회랑(triforium) 및 2연창의 광창 등 3단으로 구성되어 있다. 내부열주는 회색 이형벽돌의 조적에 의한 다발기둥(族柱, clustered pier)으로 되어있는데, 로마네스크 양식의 둔중한 형태이나 기둥 중간에 돌출 장식이 없이 천장 리브에 바로 연결되어 중량감을 약화시키고 수직의 상승감을 높여주고 있다. 천장은 주랑과 측랑 모두 교차 리브 궁륭(cross rib vault)이며 주랑의 폭은 측랑의 2배이다. 이와 같은 내부공간의 구성은 뾰죽아치창의 스테인드글라스와 함께 고딕적인 공간을 빚어내기에 충분하다.

원래 서양 고딕양식은 석조에 의해 그 정교함을 나타내지만 명동성당의 경우 붉은색 벽돌과 전통재료인 전돌의 의장기법을 응용한 회색 이형 벽돌을 써서 풍부한 장식적 디테일을 나타내고 있다. 내부공간의 고딕적인 부위기에 비헤 단순한 외관과 견고한 벽체, 분절적인 구조의 노출 등 구조체계와 공법은 로마네스크 양식에 가깝다.

앞서 지은 명동 샤르트르 수녀원과 주교관, 용산신학교와 약현성당을 통해 벽돌의 자작생산과 이형벽돌의 실험을 한 코스트(Eugne-Jean George) 신부의 최고의 걸작으로 1977년 사적으로 지정되었다. 아시아권의 성당건축으로 내부공간구성과 의장적 처리가 빼어난 건물로 평가받고 있다.

명동성당은 이러한 건축적 가치뿐만 아니라 본당 설립 이후 120여 년간 줄곧 한국 천주교 신앙의 중심일 뿐만 아니라, 오랜 박해에서 획득한 신앙자유의 상징, 소외받고 가난한 민중의 안식처요, 민주화운동의 상징 역할을 하여온 정신적, 무형의 가치가 있다. 또한 명동성당뿐만 아니라 인접한 샤르트르 성 바오로 수녀원과 계성여자고등학교 구역을 포함하여 오래된 벽돌조 건물군이 잘 보존되어 있고 곳곳에 역사의 흔적을 간직하고 있어 실로 한국근대사와 한국가톨릭교회의 발전상을 대표하는 상징적 공간이라 할 수 있다.

천주교의 성장에 걸맞은 교구청 신축은 피할 수 없더라도 명동성당의 역사적 흔적과 경관적 가치를 훼손하지 않기를 바라는 마음 간절하다.

(헤리티지 전문가에세이, 2011년)

세계유산과 한국 천주교 문화유산

최근 조선 왕릉과 역사마을-하회와 양동이 유네스코 세계유산에 등
재됨으로써 우리나라 문화유산의 가치에 대한 국내·외의 관심을 크게
증폭시키는 계기가 되었다. 세계유산은 인류의 소중한 문화 및 자연유
산을 보호하기 위해 유네스코가 채택한 '세계 문화 및 자연유산 보호
에 관한 협약'(1972)에 따라 지정되며 크게 문화유산, 자연유산, 그리고
문화유산과 자연유산의 특징을 동시에 충족하는 복합유산으로 분류
된다. 현재 153개국 936건(2011년 8월 현재, 문화유산 725건, 자연유산 183건, 복합유
산 28건)이 등재되어 있다.

우리나라는 조선왕릉 외에 종묘, 불국사·석굴암, 해인사 장경판전,
창덕궁, 수원화성, 경주역사유적지구, 고창·화순·강화 고인돌유적,
한국의 역사마을-하회와 양동, 제주 화산섬과 용암동굴 등 9건의 문
화유산과 1건의 자연유산이 지정되어 있으며, 당국의 문화유산 보호
노력과 국민의 의식이 높아지고 있어 그 숫자는 더 늘어날 전망이다.
북한은 고구려 고분군이 유일하게 등재되어 있고, 고구려의 도성과 고
분은 중국의 세계유산(41건)의 하나로 등재되어 있다.

세계유산 중 교회 관련 문화유산은 약 10.8%(세계문화유산의 13.9%)에 이
르며, 유럽의 중세 수도원, 대성당 등 교회건축유산들이 대다수를 차
지하지만 비유럽권인 남미와 아시아에도 적잖은 가톨릭 유산들이 있

는데 모두 선교관련 건축유산들이다. 그 중 아시아의 4건(아르메니아 교회
유적, 인도 고아의 교회와 수도원, 필리핀 바로크 성당, 마카오 역사유적)과 예비단계인 잠
정목록에 등록된 일본 1건(나가사키 교회유적)과 비교해 볼 때 한국 천주교
문화유산도 세계문화유산으로 등재될 충분한 가치가 있다.

세계유산이 되려면 반드시 갖추어야 할 조건이 있다. 이는 '탁월한
보편적 가치'이며 이를 충족시키기 위한 '진정성(Authenticity)'과 '완전성
(Integrity)', 그리고 해당 유산의 안전을 보장하기 위한 충분한 보호 및 관
리체계를 구비해야 하는 것이다. 여기서 탁월성은 국경을 초월할 만큼
독보적인 속성을 가리키고, 보편성은 시간적으로는 과거의 유산이지
만 현재와 미래를 모두 관통하며, 공간적으로는 전 인류에게 공통적이
라는 속성을 가리킨다.

세계에 유래가 없는 박해와 순교의 역사를 지니고 있는 한국 천주교
회는 불교문화와 유교문화를 찬란히 꽃피운 민족문화의 바탕 위에서,
타종교문화와 공존, 조화하면서 찬란한 성장을 이룩하였다. 그리고 그
과정에서 산출된 적지 않은 사적지(처형장, 교우촌, 순교자무덤)와 교회건축물
의 문화유산이 있다. 이는 우리 신앙 선조들의 숨결이 배어 있는 귀중
한 자산일 뿐 아니라 우리 민족의 혼이 담긴 한민족 고유의 것이기도
하다. 그리고 나아가 보편교회와 인류전체의 문화유산이기도 하다.

이처럼 귀중한 유산을 찾고, 잘 보존하여 언젠가 한국 천주교 문화
유산도 세계유산에 등재될 것을 기대해 본다.

세계유산 등재의 최근경향은 문화유산 보다는 복합유산이 증가추
세에 있으며, 1년에 한 국가에 하나만 등재심의가 가능한 것을 감안하
면(자연유산 또는 복합유산을 신청한 경우 2개까지 가능), 또한 국내의 잠정목록이
10건이나 되고, 서울문묘, 지리산 지역 사찰군 등 신청·준비 중인 10여

건의 유산이 대기하고 있는 상황을 고려하면, 천주교 문화유산의 세계유산 등재추진은 더 이상 미룰 수 없는 당면과제가 아닌가 생각한다. 더욱이 잠정목록인 일본 나가사키 교회유적이 목표대로 2014년 세계유산으로 등재되고, 중국 천주교회가 세계유산 등재를 추진하면 한국 천주교 유산은 이들과 유사유산으로 간주되어 더욱 어려워질 것이다.

물론 세계유산 등재가 궁극적인 최종 목표는 아니다. 세계유산의 정신과 기준의 수준으로 우리 교회유산을 보호하고 가꾸어 나가는 것이 목표가 되어야 한다. 그렇게 함으로써 과거 신앙선조들의 유산을 오늘에 담아 내일의 후손들에게 온존하게 물려줄 수 있을 것이다.

(참소중한 당신, 2012년 1월 게재)

화합과 상생의 종교문화 - 전주 순례길

현재 한국인은 유교·불교·기독교와 같은 세계적 종교들이 공존하면서
도 선사시대부터 내려오는 샤머니즘과 근대에 태어난 신흥종교들이 또
한 공존하는 다종교 상황하에 살고 있다. 인류의 역사에서 수많은 전
쟁이 있었고, 그 중 대부분이 종교와 문화의 차이에서 비롯되었음을
생각할 때, 단일민족이면서도 다종교가 상호 공존하는 한국의 종교문
화는 매우 독특하다 할 수 있다. 학자들은 한국종교가 가지고 있는 관
용과 조화의 정신으로 이를 설명한다.

이러한 관용과 조화를 넘어 화합과 상생의 종교문화를 확인하는 순
례길이 만들어져 관심을 끌고 있다. 유교, 불교, 원불교, 천주교, 개신
교, 민족종교 등 타 종교와의 화합과 상생을 추구하는 전라북도의 '아
름다운 순례길'이 그것이다. 전북지방에는 백제시대의 미륵불교, 조선
시대 유교, 실학에 바탕을 둔 천주교, 새로운 시대에 새로운 기운을 불
어넣고자 한 동학과 원불교, 근대의 개혁을 강조한 개신교 등 새 사상
이 태동될 때 모태가 된 곳이다.

느림의 상징인 달팽이를 로고로 삼아 '느리게, 바르게, 기쁘게'를 모
토로 하고 있는 240㎞에 달하는 순례길은 9개의 코스로 구성되는데
적지않은 근대유산을 만나게 된다. 한양절충식의 나바위성당(익산시 망
성면, 사적 318호)과 1866년 병인박해 때 순교한 10여 명의 순교자가 묻힌

천호성지(완주군 비봉면), 치명자산 순교자묘(전북기념물 68호), 박해시대 유서 깊은 교우촌들과 최초의 한옥성당인 되재성당(전북기념물 119호), 한국성 당건축의 정수인 전동성당(사적 288호), 호남 최초로 1893년 설립된 서문 교회(전주시 다가동), ㄱ자 한옥교회인 금산교회(전북 문화재자료 136호), 원불 교 익산성지(등록문화재 179호), 증산법종교 본부 영대(김제, 등록문화재 185호) 등으로 이어진다.

또한 미륵사지 석탑(국보 11호), 왕궁 5층 석탑(국보 289호), 신라 말기에 창건된 송광사(완주군 소양면, 보물 1243호 등), 미륵신앙의 성지 금산사(사적 496호) 등 불교유산도 수두룩하다.

이들 성지에서는 신부와 목사, 스님, 교무 등 각 종단이 깨달음을 전하는 '종교 교류의 장'도 마련되고 일부에서는 숙박도 할 수 있다. 성지를 잇는 중간에는 가람 이병기 생가와 강암 송성용 기념관, 최명 희 문학관, 슬로시티에 지정된 전주 한옥마을, 만경강 갈대밭, 제남리 둑길, 고산천 숲속 오솔길도 만날 수 있다. 포장도로가 아닌 골목길 로 10일이면 걸을 수 있다. 성지와 함께 지역 역사와 문화를 체험하 는 길이다.

순례는 '하느님께로부터 특별한 은혜를 얻기 위하여 또는 회개, 감 사, 신심의 행위로 거룩한 장소나 성지를 여행하는 것'이다. 순례란 우 리들의 앞길을 열어주신 성자들의 혼과 자취를 느끼고 체험함으로써 나도 그분들을 본받고자 하는 염원이 담긴 여행이기도 하고, 초자연적 인 도움을 얻기 위해서, 감사를 표하거나, 고행을 하기 위해서, 헌신을 위해서 등의 여러 가지 동기를 가지고 순례한다. 어쩌면 빠르고 편리함 에 자신을 잊고 사는 현대인이 스스로 불러들인 고행이기도 하다.

전북 아름다운 순례길을 주관해 운영하는 한국순례문화연구원 김

수곤 이사장은 "'아름다운 순례길'은 종단의 유산과 함께 전북지역의 역사와 문화 자산을 보고 느끼는 길이 될 것"이라며 "속도전에 지친 이들이 순례길을 걸으며 자신을 돌아보는 기쁨과 느림의 미학을 느껴 보기를 기대한다"고 말한다. 일상적인 나의 존재, 가족과 일터와 소유를 잠시 내려놓고 자연과 대화하면서 걷는 순례길은 길을 통해 소통하고 감동을 전하는 따뜻한 나눔의 여정이 될 것이다.

(헤리티지 전문가에세이, 2012년)

서울 양화나루와 잠두봉 유적

강변북로와 양화대교가 만나는 한강변에 위치한 양화진·잠두봉 일대는 잘 알려진 절두산 순교성지 외에도 여러 가지 역사적 의미를 지닌 장소이다. 양화(楊花, 버들꽃)나루란 이름은 인근 강변에 갯버들이 많았기 때문에 붙여진 이름이며, 동쪽 20m 높이의 암벽 잠두봉은 그 생김새가 누에머리(蠶頭)를 닮았다고 하여 붙여진 이름이다.

이곳은 조선시대 흉년에 관(官)이 곤궁한 백성들을 도와주던 진휼(賑恤)의 장소였으며, 서울에서 양천·김포를 거쳐 강화에 이르는 중요한 통로이자 삼남지방의 조운선(漕運船)과 한강유역의 각종 어선들이 모여드는 관문이었다. 그리고 구한말에는 청·일·서구 열강에 의해 개항장으로 지목된 교통·상업·무역의 요충지였다. 또한 한강을 거슬러 올라오던 외세의 침략을 막기 위한 방어진지가 구축된 군사거점이기도 하였으며 병선의 훈련장이었다. 주변 경관이 빼어나 명나라 사신뿐만 아니라 조선의 고관 사대부들이 별장을 지어놓고 풍류를 즐기던 이름난 관광지이기도 하였다.

이처럼 아름답던 이곳이 천주교 순교자들의 피로 얼룩지게 된 것은 병인박해(1866년) 때문이었다. 그 해 벽두부터 베르뇌 주교와 선교사들, 교회의 지도층 신자들을 처형하기 시작한 흥선 대원군은 이른바 병인양요(丙寅洋擾) 직후 이곳 총융진(總戎陣)에 형장을 설치하고 신자들을 체포해 참형하기 시작하였다. 앞서 로즈(Roze)가 이끄는 세 척의 프랑스 함대는 한강 입구를 거쳐 양화나루와 서강(西江)까지 올라갔다가 중국 체푸로 돌아갔으며, 10월에는 다시 일곱 척의 군함을 이끌고 강화도 갑곶진(甲串津)을 거쳐 강화읍을 점령하였다가 문수산성과 정족산성에서 조선군에게 패하여 중국으로 철수하였다.

두 차례의 병인양요가 프랑스 측의 실패로 끝나면서 천주교에 대한 박해는 더욱 가열되어 1867년과 1868년 초까지 도처에서 천주교 신자들이 체포되거나 순교하였다. 대원군은 "프랑스 함대가 양화나루까지 침입한 것은 천주교 때문이고, 조선의 강역이 서양 오랑캐들에 의해 더럽혀졌기 때문에 양화나루를 천주교 신자들의 피로 깨끗이 씻어야 한다"고 강조하였다.

이곳에서 순교한 천주교 신자는 참형을 먼저 행하고 후에 보고하는 '선참후계령(先斬後啓令)'으로 마구잡이로 끌려가 처형당했기 때문에 그 숫자가 알 수 없지만 기록이 남아있는 29명을 비롯해 수백 명에 이르렀을 것으로 추정된다.

이때부터 이곳은 양화나루나 잠두봉 등 아름다운 이름으로 불려 질 수 없게 되었다. 그래서 붙여진 이름이 절두산(切頭山)이다. 1956년부터 천주교회에서는 이곳 산봉우리의 땅을 매입하면서, 절두산 성지로 부르기 시작하고 순교기념탑을 건립하였으며, 1966년 병인순교 100주년을 기념하여 잠두봉을 중심으로 성당 및 기념관(천주교순교박물관)을 건립하고, 주변지역을 공원으로 조성하였다. 강변도로와 지하차도, 인근지역의 개발로 주변 환경이 급격히 훼손되자 당국에서는 1997년 이 일대를 사적(사적 제399호)으로 지정하여 보호·정비하였다.

성당과 기념관은 철근 콘크리트구조로서 한옥의 지붕형태와 처마곡선을 노출콘크리트로 번안하였으며, 주랑, 주초, 토수구, 공포 등의 고건축 의장 요소를 첨가하여 토착적 분위기를 추구하였다. 절두산의 지세와 잘 조화되는 크기와 형태, 전통건축의 현대적 표현 등으로 1960년대 성당건축뿐만 아니라 한국 현대건축의 가장 아름다운 대표적 건물로 평가받고 있다.

성당의 지하 경당에는 28위의 순교성인의 유해가 모셔져 있으며, 박물관 안에는 김대건신부 친필서한집, 한불조약문서 등 교회사관련 자료와 이벽, 이가환, 정약용 등 천주교와 관련된 조선시대 후기 학자들의 유물, 유품들을 전시·보관하고 있고, 광장 안에는 김대건, 남종삼의 동상과 사적비, 순교자기념탑, 십자가의 길, 성모동굴 등 유명작가의 성미술품과 역사적 유물들이 있다.

양화진 외국인 선교사 묘지공원도 인접하여있는 이곳은 조선시대 후기 역사의 흐름과 함께 근대사의 많은 흔적을 엿볼 수 있다. 교회사뿐 아니라 문화사적으로도 중요한 의미가 있는 곳이다.

(헤리티지 전문가에세이, 2012년)

세계유산으로 부활하는 나가사키 교회

일본 나가사키는 동아시아에서 제일 먼저 그리스도의 복음이 전래된 곳이다. 1549년 예수회 신부 프란시스 사비에르에 의해 소개되어, 일본 서부지역에 급속도로 전파되었으며, 나가사키는 일본 선교의 핵심기지로서 교회와 교회문화가 이곳에서 번성하였다. 그러나 도쿠가와의 반그리스도 정책으로 억압받았으며, 이후 250년간 3만여 명이 순교하는 혹독한 박해를 거치면서 교회공동체는 거의 해체되고 일부 신자들은 외딴 섬이나 깊은 산골에 숨어 불교도로 위장하여 신앙을 지켜왔다. 나가사키가 재개항되고, 금교가 해제되는 1870년대에 와서야 비로소 신앙의 자유를 다시 획득하기 시작하였으며 곳곳에 많은 성당이 지어졌다.

이들 교회건축물들은 비교적 잘 보존되어 왔으며, 억압받은 신자들이 재획득한 종교의 자유와 그 여정을 보여주는 증거인 동시에 서양 선교사들이 가져온 서양건축술과 일본 전통건축술과의 융합으로부터 나온 좋은 사례가 되고 있다. 교회건축물과 관련 유적들은 사진가, 건축가, 애호가, 주민들이 참여한 민간단체의 보존운동으로 시작되어 2007년 3월 세계유산 잠정목록에 이미 등재되었으며, 등재이후에는 기업, 단체의 후원을 얻기 위한 비영리기구(NPO)인 '나가사키 Church Trust'가 결성되고, 나가사키 교구에는 '순례센터'가 설립되었다.

한편 지방정부차원에서 나가사키 현은 세계유산 등재 추진실을 설치해 매년 심포지엄, 학술대회, 전시회, 연수회, 교육, 홍보, 개별 건물의 문화재지정(등록) 등 다양한 활동을 하고 있다. 특히 지역주민과 함께하는 '교회와 마을 만들기' 프로젝트 등을 통해 지역주민의 지지기반을 넓히고 있으며, 관련 국제전문가 초빙, 간담회 등을 통해 국제적인 공감대를 형성하고, '신도재발견' 150주년이 되는 2015년을 세계문화유산 등재 목표해로 잡고, 구체적인 세계유산 등재신청 준비를 하고 있다.

일본 천주교회의 박해역사와 교회건축은 우리와 유사한 점이 많다. 총인구의 0.39% 약 50만 명의 교세에 불과한 일본 천주교회는 그들의 역사와 신앙선조들의 유산을 세계문화유산으로 가꾸어 가고 있다. 우리나라에서도 작년 주교회의 문화위원회 세미나에서 한국 천주교 문화유산의 세계문화유산등재 문제가 제기된 바 있다. 그러나 100여 개의 성지를 자랑하는 한국 천주교회는 교회도, 교회매스컴도, 당국도 아무런 반응이 없다.

(참소중한당신, 2012년 3월 게재)

데츠가와 요스케(鉄川与助)와
가와가미 히데토(川上秀人)

작년 여름, 전주교구 이영춘 신부와 함께 나가사키 교구를 방문하였다. 세계문화유산 등재준비를 하고 있는 나가사키의 교회건축과 교구 및 지방정부의 추진활동을 체험하고 배우기 위해서였다. 2박3일의 짧은 일정이었지만 꼰벤뚜알 성프란치스코회 일본관구소속의 이신형 신부가 사전에 모든 일정을 치밀하게 짜고, 손수 운전과 통역을 하여주었기 때문에 매우 알찬 여행을 하였고 기대이상의 성과를 거두었다.

세계유산 등재추진의 3두 마차인 나가사키 현의 등재추진실, 나가사키 Church Trust, 그리고 나가사키 교구 순례센터를 방문하여 관련 인사들을 만나고 자료와 브리핑도 받았고, 주요 성당과 유적지를 답사하였지만 무엇보다 감동을 받았던 것은 일본 근대건축사의 유명한 역사적 인물인 데츠가와 요스케의 손자와의 만남과 이 작업의 최대 공헌자인 가와가미 히데토의 소식을 들은 것이다.

데츠가와 요스케(鐵川与助, 1879~1976)는 궁전목수인 요시로(与四郎)의 장남으로 출생하고, 1906년 가업을 상속받아 토목건축청부업체인 데츠가와구미(鐵川組)를 설립하였다. 그의 아들에 이어 손자도 건축가인데 바로 그 손자인 데츠가와 스스무(鐵川 眞)를 만난 것이다. 열심한 불교신자인 데츠가와 요스케는 1901년 신우어메초(新漁目町)의 구소네(舊曾根) 성당의

건축 시 페루 신부와 만나게 되어 교회건축의 기본, 리브볼트 천장의 공법과 기하학을 배웠다. 히야미즈(冷水) 성당(1907)을 시작으로 아우사가우라(靑砂ヶ浦) 성당(1910), 노쿠비(旧野首) 성당(1908), 에가미(江上) 성당(1918), 가시라가지마(頭ヶ島) 성당(1919) 등 약 50년간 34동의 신축설계와 10여 동의 증개축에 관여하였다. 현재 나가사키 교회유산의 세계유산 등재 최종 대상인 17개 건물 중에서 4개가 그가 설계하고 지은 성당건물이다.

첫 방문지인 오오우라(大浦) 천주당에서 만난 데츠가와 씨와 그의 할아버지에 대한 이야기를 나누었다. 그의 아버지가 오오우라 성당의 수리를 하였고, 공학박사이기도 하고 개인설계사무소를 운영하는 손자 데츠가와는 자신의 시대에는 교회신축이 없기 때문에 아직 교회작품이 없다고 한다. 할아버지를 소개하는 책도 아직 간행되지 않았으며, 거의 잊고 있었던 할아버지의 업적을 내가 잘 알고 있는 데 대해 감사하였고 언젠가는 정리하고 싶다고 하였다.

나가사키 현 추진실을 방문했을 때 또 반가운 인물의 소식을 들었다. 15년 전 일본 교토 대학 연수 때 마난 긴기(近畿) 대학교의 가와가미 히데토(川上秀人) 교수다. 나가사키의 모든 교회건축물을 실측하고 연구한 인물로 세계유산 잠정목록에 등재된 것은 전적으로 그의 오랫동안의 연구성과가 있었기 때문에 가능한 것이다. 현재 나가사키 현 세계유산관련 건조물 조사위원회 위원장으로 나가사키 교회건축유산 뿐만 아니라 또 다른 잠정목록인 '구슈·야마구치 근대화 산업유산군'의 신청서 작성도 그가 작업하고 있다. 1997년 2월 교토대학에서의 2달간 단기연수를 마칠 무렵 그해 구슈(九州) 대학에서 박사학위를 취득한 서정호박사의 주선으로 후쿠오카 어느 커피숍에서 가와가미 교수를 만났다. 그때 나는 나의 책(한국 가톨릭성당 건축사) 한 권 달랑 들고 갔는데 그는 자신의 학위논문(長崎 현을 중심으로 한 教會堂 건축의 發展過程에 관한 연구, 1985)을 비롯하여 자신이 직접 작업한 실측보고서들을 한보따리 싸들고 와 대화를 나누었던 기억이 생생하다.

우리는 오랫동안 서로의 관심사와 연구방법에 대해 의견을 나누었다. 그는 천주교 신자도 아니면서 나가사키 지역의 오래된 성당을 거의 모두 실측하고 조사하고 있었다. 꼼꼼하게 스케치하고 메모한 야장을 통해 그의 진지한 연구 자세를 읽을 수 있었다. 그는 나의 전례와 신학을 기초로 한 성당설계의 실천적인 작업을 부러워했고, 나는 그의 건축요소의 계량적인 분석을 바탕으로 한 연구방법을 부러워했다. 그 후 몇 차례 소식이 오가다 끊어졌는데 10여 년 만에 세계유산과 관련하여 소식을 접하게 된 것이다.

이번 방문에서 나가사키 교회유산의 세계유산 등재의 주역 두 사람과의 조우는 우연이 아니라 필연이라는 생각이 들었다.

(나가사키 교회유산 방문기, 2012년 9월)

제 2 부
—
설계 노트 교회건축 작품과

전남 영암군 영암읍
서남리 76, 1992년 건축

탈적벽돌 성당을 짓다
영암성당

콜롬바노회 미국인인 우 신부님의 전화를 받고 처음 방문했을 때 느낀 월출산의 그 독특한 자태와 신자분들과의 첫 만남은 지금도 잊을 수 없다. 나와 전혀 인연도 없는 그곳에서 유럽연수를 2주일 앞두고 동분서주하던 그때, 나의 첫 실현 작품이 될 설계의뢰를 맡을 줄이야….

첫 만남에서 내가 제시한 주변 환경과 월출산이 주는 설계의 모티브, 소박한 재료와 형태, 그리고 밝고 온화한 전례공간의 구성 등은 콜롬바노회 미국인 본당신부의 생각과 너무나 일치했다. 1주일 후 흙으로 빚은 모델과 에스키스를 제자와 함께 설계사무소에 맡기고 영국으로 떠났다. 1년 후에 돌아오니 여러 가지 사정으로 별동의 사제관만 짓고 성당건축은 나를 기다리고 있었다. 오자마자 우 신부님은 본국으로 휴가를 가시고 젊은 한국인 신부님이 부임하셔서 새로이 설계를 하지 않을 수 없었다. 일반적으로 한국 신부님들이 생각하는 성당은 붉은 벽돌에 높은 종탑과 아치가 있는 장방형의 건물이다. 수차례의 만남과 설득 끝에 안이 결정되고, 착공해서 완공되기까지 4년이 소요되었다. 본당 설립 30년 만에 반듯한 성당을 짓겠다는 영암신자들의 자세는 여간 훌륭하지가 않았다. 빈약한 재정에서 온갖 노력과 봉사를 아끼지 않은 것은 물론이고, 전문가의 의견(일반인들에게는 지겹게 느껴지는 건축가의 이상과 고집)을 존중하는 자세, 그리고 무엇보다 외지에서 온 사람을 편안하게 해주는 그분들의 배려를 잊을 수 없다.

영암성당의 부지는 과거에는 동헌이 있던 터로서 영암군청 뒤편 낮은 언덕에 위치하고 있다. 부지 뒤편으로 토성이 부지의 경계선을 이루고 소나무와 대나무가 보기 좋게 에워싸고 있다. 기존성당(현재 교육관으로 쓰고 있는)과 성모동굴 등의 조경을 최대한 그대로 두면서 넓은 마당을 확보하되 인간적인 스케일감을 주기 위해 두 개의 레벨로 처리 하였다. 그렇게 함으로써 성당 하부(지하 다목적 홀)와 사제관은 바로 진입할 수 있다. 성당의 평면은 정방형으로 대각선을 축으로 하여 내부공간을 구성하였으며, 이 또한 진입축 및 월출산의 조망축과 일치된다. 피라미드형의 지붕은 철골조로 하고 꼭대기에 3m×3m의 천창을 두고, 처마는 벽체와 분절되게 수평 띠창을 둘렀다. 천창의 십자형 철재보에는 12개 (12사도 상징)의 원통형 램프가 달린 크라운 등이 매달려 있는데, 이것은 조명의 필요에서 뿐만 아니라 다소 큰 내부 볼륨의 공허함을 적절히 완화시켜 준다. 천창에는 옅은 색의 투명 스테인드글라스로 처리하여 하늘을 성당 내로 투영시키고자 하였는데, 예산관계로 실현하지 못하고 우선 알루미늄 루바로 빛을 거르고 있다. 외벽은 지지기둥으로부터 1.5m 떨어져 축조함으로써 좁고 높은 공간의 켜(전통적인 아일(Aisle)과 유사하기도 한)가 회중석을 감싸는 형상이 되도록 했다. 닛치형의 벽감에 14처를 걸고, 유아실은 사제관 2층과 바로 연결 시켜 사제의 동선을 고려했고, 온돌을 깔음으로서 겨울철 매일 있는 미사와 다목적 용도로 쓰이게 했다. 입구 상부 2층 성가대석은 제대에서 볼 때 월출산의 연봉이 바로 보이는 곳으로 3.6m×3.6m의 큰 창을 두었으나 남동쪽의 강한 빛을 거르기 위해 장미창을 현대화한 스테인드글라스로 처리하였다. 2층의 회중석과 부채꼴의 좌석 배치 때문에 크지 않은 면적에도 불구하고 600석의 경제적인 수용이 가능하게 되었다.

구조는 일체 감싸거나 덧붙이지 않고 그대로 노출하고자 하였다. 그러나 조악한 시공으로 인한 노출 콘크리트 면은 어쩔 수 없이 종석을 섞은 백시멘트 모르타르로 처리하고, 시멘트 벽돌벽은 내부는 수성도장, 외부는 스프리트 블록으로 처리하였다. 차후 보수가 힘든 지붕을 동슁글로 한 것 외에는 소박하고 값싼 재료로 마감하였다.

아쉬운 것이 없지 않다. 첫째는 성미술에 해당하는 것으로, 감실의 위치와 형태 크기가 내 의도와 전혀 맞지 않는다. 제대, 사제석, 성수반, 세례대도 계획대로 되지 못했다. 두 번째로 디테일 처리인데, 사실이 건물은 디테일이 별로 없는 건물인데도 처음 써보는 재료(텍텀이라는 흡음재료)라는 이유만으로 천장 마감이 부실하기 짝이 없고, 문짝 디자인도 의도대로 되지 못했다. 그리고 입구 정면의 계단실 외벽을 화강석붙임으로 한 것도 큰 실수라 하겠다. 성당입구라도 돌을 좀 써야 되지 않겠는가 하는 신자들의 소박한 소망을 거스를 수 없었던 것이 후회된다. 말로만 듣던 지방 시공자들의 고정관념과 대충주의는 아마추어 건축가에겐 하나의 도전이었다.

영암성당 전경

1. 영암성당 입구
2. 영암성당 스테인드글라스

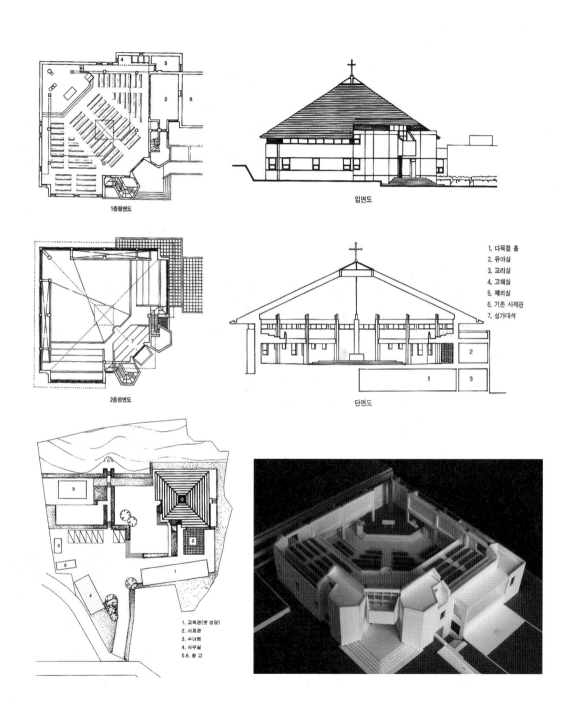

1층평면도

입면도

2층평면도

단면도

1. 다목적 홀
2. 유아실
3. 교리실
4. 고해실
5. 제의실
6. 기존 사제관
7. 성가대석

1. 교육관(옛 성당)
2. 사제관
3. 수녀원
4. 사무실
5.6. 창 고

세상을 밝히는 등불
부천 상동성당

상동성당의 대지 주변은 3면이 3~4층의 다세대 주택과 연립주택으로 둘러싸이고, 서측은 중동 신도시 개발이 한창 진행 중이다. 설계경기에 초청받고 처음 방문한 사제관(4층 임대 빌딩)의 옥상에서 바라본 부천의 저녁하늘에는 별의 수만큼이나 많은 네온사인의 교회십자가 점멸하고 있었다. 그때 떠오른 아이디어는 찌든 도시의 세속적인 삶에 복음의 빛을 비추어 줄 진정한 등대의 이미지였다.

부천은 젊은 도시다. 계속 성장하며 인구의 이동이 빈번하고 문화적 욕구가 어느 도시보다 크다. 또한 신흥종교가 창궐한 곳이기도 하다. 내가 제시한 상동성당의 건축개념은 커뮤니티센터로서의 기능을 충분히 수용하면서 가톨릭 전례의 정통성을 구현하는 것이었다. 현재의 신자수는 4,000명 정도, 앞으로 6,000명까지를 수용한다는 전제하에 대성당 좌석수 900석에 연건평 1,000평 정도의 스페이스 프로그램을 430평의 대지에 수용한다는 것은 쉬운 일은 아니었다. 최소한 150평 정도의 마당을 확보하기 위해서는 건물을 한쪽으로 밀 수밖에 없었고, 정방형 평면에 대각선 축의 배열이 선택되었다. 주거부분−사제관, 수녀원−과 성당의 층고 차이를 이용해 사제관(1층)과 수녀원(반지하)을 중첩시키되 일조와 통풍의 문제를 해결하였고, 대성당 부분의 접

지성(接地性)을 높이기 위해 주진입 외부계단을 마당의 일부가 되게 하였다. 등대형 독립 종탑 하부가 성당의 주진입구가 되는데, 여기를 통과해 계단을 오르는 과정은 사찰의 일주문 또는 문루(門樓) 진입과 유사하다고 하겠다.

건물 전체의 매스는 박스형으로 법규의 허용범위 내에서 건축선과 대지 경계선에 의해 결정되었고, 외관의 형태 디테일도 주변과 차별되지 않는 평범한 적벽돌 쌓기이다. 종교건축, 특히 그리스도교 교회건축의 상징성은 외관 형태보다도 내부공간 형태와 진입과정, 그리고 전례 요소의 상징성에 있다고 생각한다. 일반적으로 건축가들은 가톨릭 전례의 본질에 대한 확신이 없기 때문에 성당의 내부공간에 별로 주목하지 않고 있다. 그리고 제단의 배열이 획일적이고 살아있지 못하다.

단순한 강당형 내부에다 장식과 외관치장으로 상징성을 추구하려는 시도는 자칫 종교건축의 본연의 거룩함(聖性)을 상실하기 쉽다. 더욱이 현대교회건축의 기본 개념은 '전례의 풍요로움을 되찾고 문화와 전통을 살려, 시대에 토착화 하는 것이다.'

가장 중점을 둔 것은 제2차 바티칸 공의회의 정신을 전례공간의 구성에서 명확하게 구현하는 것이었다.

첫째는, 신자 모두가 전례에 적극적으로 참여할 수 있고, 각자가 전례에 중요한 역할을 하고 있다는 인식을 스스로 가질 수 있는 시청각적인 신자석 배열이다.

둘째는 제단을 구성하는 제대, 감실, 사제석, 강론대 등의 기능성과 상징성의 제고다. 특히 감실의 위치문제는 종래의 제단구역에서 과감히 분리시켰는데 교구심의 과정에서 논란이 많았고 논문까지 써가며 그 합당함을 증명하였다.(원래 의도보다는 감실이 너무 크고 앞으로 나와 있다.)

셋째는, 세례대, 십사처, 고해실, 제의실, 유아실, 성가대석 등에 대한 본질적인 기능과 위치에 대한 검토이다. 미사시에 사제가 복사와 함께하는 입당행렬도 미사의 중요한 부분이며, 입교의 다짐을 회상함으로써 신앙의 자세를 가다듬는 입구 세례대를 생략해서는 안 된다. 부활과 세례를 상징적으로 연결해야 하며, 고해의 의미도 재검토해야 한다.

넷째는, 성당이 '그리스도를 머리로 하고 신자들을 지체로 한 하나의 통일된 유기체'로서 천상세계의 지상에서의 표상이 될 수 있도록 여러 요소를 적절히 분절되어야 한다. 여기서 제시한 40석 규모의 소채플은 개인적인 기도공간(성체조배실)으로 독립되면서 전체 공간에 통합될 수 있다. 12개의 기둥은 물론 구조적인 역할을 하지만 공간의 분절과 12사도를 상징하며 낮은 천장의 세례당은 죽음과 부활을 상징한다.

다섯째, 성미술과 건축과의 조화 내지는 통합이다. 벽화, 성상, 십사처, 조명기구, 스테인드글라스 등은 형태, 색채, 크기 모두가 건축공간 및 빛과 유리되어서는 안 된다. 순수 예술작품이 아니라는 뜻이 아니라 오브제가 아닌 건축의 일부분으로, 전례행위의 배경이 되어야 한다는 것이다.

이러한 모든 것들이 제대로 다 이루어졌다고는 말할 수 없다. 그러나 몇 개의 시도는 그 과정에서 시행착오도 있었지만 의미 있었던 작업이 아닌가 생각한다.

상동성당 외관

1. 상동성당 종탑
2. 상동성당 내부
3. 성찬채플
4. 스테인드글라스 창(마르크 수사 作)
5. 베통글라스(조광호 신부 作)
6. 세례대

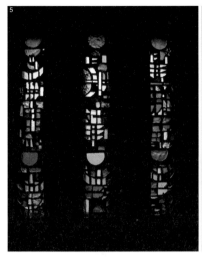

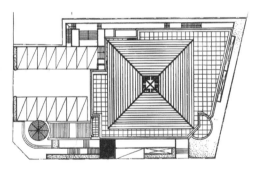

1. 채플
2. 대성당
3. 유아실
4. 제의실
5. 만남의 방
6. 화장실
7. 강당
8. 교리실
9. 주차장
10. 기계실
11. 영안실
12. 회중석 상부
13. 회중석
14. 종탑
15. 성가대석
16. 감실
17. 고해실
18. 홀
19. 배랑
20. 제단

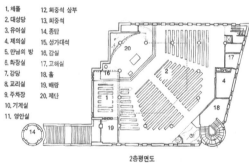

배치도

2층평면도

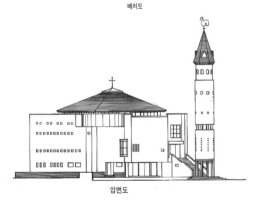

입면도

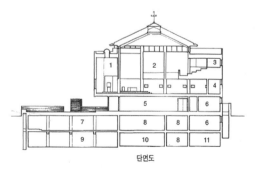

단면도

전북 완주군 고산면
읍내리, 1994년 건축

100주년 기념성당
완주 고산성당

전혀 모르는 신자분으로부터 시골 작은 성당의 설계를 맡아달라는 전화를 받았다. 이쪽 사정은 무시하고 무조건 한 번 내려와 달라는 것이었다. 이 지방이 가톨릭에서는 아주 센 곳으로 알려진 곳이라 적잖이 긴장을 하며 신부님과 신자들을 만났다. 조용한 신부님에 비해 억센 회장님들의 분위기는 도시의 성당들과는 전혀 딴판이었다. 순교 사적지가 가장 많은 전주교구가 최초의 방인교구로 출발하였고, 평신도 협의회를 중심으로 평신도사도직 활동이 가장 활발한 지역이라는 사실은 일찍이 알고 있었지만 그 첫 만남에서 옛 교회의 전통을 느낄 수 있었다.

전국에서 제일 많은 17개의 공소신자들을 모두 합해야 1천5백 명이요, 거의 모두가 가난한 농민(15%가 생활보호 대상자)들로 구성된 고산본당의 신자들이 내놓은 100주년 사업들은 어쩌면 무모하기조차 하였다. 주변의 우려와 몇 번의 수정이 있었지만 계획대로 기념성당은 완공되었고, 이 일에 관여한 모든 사람들은 보람과 희열을 맛보고 있다. 정말 교회는 돈으로 짓는 것이 아니라 신앙으로 짓는다는 것을 뼈저리게 느끼게 한다. 전문가의 의견을 존중하는 자세, 전 신자들의 희생과 일치는 어느 본당에서도 따라갈 수가 없다고 단언할 수가 있다.

성당신축은 고산교회가 추진 중인 본당설립 100주년 기념사업의 핵심이었다. 교회 건축위원회와 설계자가 수차례의 만남과 기도를 통해 도달한 성당건축의 기본원칙은 다음과 같았다.

첫째, 창의적이고 조직적이며, 자율적이고 실천적이었던 고산본당의 평신도사도직적 전통을 교회건축에 구현한다.

둘째, 옛 되재성당(최초의 한옥성당, 1894)이 보여주었던 토착화 의지를 계승하되, 복고적인 형태에 얽매이지 않는다.

셋째, 전례의 본질에 충실한 공간구성이 되어야 하며, 건축뿐만 아니라, 음향, 성미술, 조명, 설비 등 모두가 복음적이고 미래지향적이어야 한다.

넷째, 고산본당의 역사와 자연적 문화적 콘텍스트를 중시하고 배치, 형태, 공간, 장식 모두에 반영해야 한다.

다섯째, 기존건물(성당, 사제관, 수녀원)은 철거를 전제로 하나 건축 동안에는 사용해야 하는 현실적인 문제를 동시에 수용하여야 한다.

이러한 원칙하에 몇 개의 안을 만들고 교구청의 심의를 거쳐 설계안이 확정되기까지 1년 반이 걸렸다. 처음의 안이 280평으로 축소되었다가 다시 400평으로 변경되는 과정에서, 그리고 공사 중에 부딪힌 어려움이 없지는 않았지만 신자들이 보여준 확신과 눈물겨운 노력은 설계자를 비롯한 건축 관련 모든 이들에게 큰 힘이 되었다. 그들은 전문가의 의견을 존중할 줄 알았고, 이 일을 어떻게 수행해야 하는가를 가르쳐 주었다. 모두가 가난한 농민들인 신자들과의 대화는 늘 즐거웠고 기쁜 마음으로 일했다.

고산성당의 부지는 전주시에서 17번 국도를 따라 동북쪽으로 약

18km 떨어진 고산면 읍내리의 해발 약 55km의 낮은 언덕에 자리 잡고 있다. 부지 동쪽 대나무숲을 경계로 하여 보다 낮은 곳에 고산초등학교, 그리고 북동쪽 고산천변에 향교가 위치하고 있다. 따라서 주변의 수목에도 불구하고 서측 서봉리쪽이나 동쪽 오산리 및 삼기리(북쪽) 측에서 진입할 때 10m 이상 높이이면 어디서나 확연히 드러나는 우월한 위치에 있다. 부지 전체는 진입 경사로를 제외하고는 동일레벨의 평평한 남북으로 긴 형상을 하고 있다. 그러나 폭 10m의 국도가 140°로 휘어지는 코너에 급경사의 진입로가 위치하고 있어서 차량 진출입시 매우 위험한 문제를 안고 있었다. 신자들의 주된 진입방향인 원래의 진입이 절대적이고 40년간의 콘텍스트를 무시할 수 없기 때문에 보행진입은 그대로 두되 부지의 일부를 절토하여 경사도를 완화시켰고, 주 진입로(차량진입)는 부지 북단으로 돌렸다.

건물평면은 십자형으로 내부 공간뿐만 아니라 외관 매스에서도 뚜렷하다. 좌우 날개와 입구 상부에 ㄷ자형의 스탠드식 신자석을 두고, 정면입구 상부에 성가대석을 배열하였다. 천장은 콘크리트 골조를 노출시켜 구조의 위계적인 조직을 그대로 보여주며, 외관의 매스도 높이와 크기에 있어 위계적인 구성을 하고 있다. 입구 좌측에 고해실을, 우측에 유아실을 배열하고, 제단의 우측(수녀원 상부)에 제의실을, 제의실 앞 정방형 작은 공간에 세례대를 배열하였다. 제단은 상대적으로 넓게 잡았으며, 좌우에는 30석 가량씩의 여유 공간을 두어 제대를 중심으로 에워싸는 형태인데 여러 전례에 맞게 활용할 수 있을 것이다.

오늘날 한국교회건축이 안고 있는 건축미학 상의 문제는 두 가지라고 생각한다. 하나는 교회의 위계적이고 희생적인 면을 무시하고 친교와 사회적인 면을 부당하게 강조함으로써 교회건축을 '커뮤니티 센터'

화 하는 것이고, 하나는 종교건축의 차별성(성스러움)의 구현을 값비싼 치장으로 추구하는 경향이다. 고산성당은 '하느님 백성의 집'일 뿐만 아니라 잃어버린 '하느님의 집(그리스도의 몸)'을 찾는 것이 설계의 기본 의도였으며, 형태와 공간, 빛의 위계적인 분절로써 구현하고자 했다.

가톨릭 신앙의 원천은 전례이며 전례는 상징적인 요소들로 이루어져 있다. 전례의 기능성은 제단위치, 음향, 좌석배열, 시각적·청각적 고려를 통해 달성할 수 있다. 그러나 전례가 더욱 풍성해지기 위해서는 풍부한 상징적인 표현을 사용해야 한다. 전례공간의 설계에 적용된 중요한 상징요소들은 다음과 같다.

십자가: 죽음과 희생, 구원의 상징인 십자가는 건물전체 형태뿐만 아니라 벽화, 스테인드글라스, 각종 기물 요소에 나타난다.

제대: 교회건축의 근본이요 존재이유(rasion d'etre)인 제대는 희생의 장소요 그리스도의 상징이다. 따라서 그리스도의 신체적인 통일을 위해서 하나의 자연석으로 만들었으며, 제대 앞면에 삼위일체를 표현하였다. 제대 앞면은 성부의 '손'과 성자의 '십자가', 성령의 '비둘기'와 함께 삼위일체의 상징인 삼각형을 양각하였으며, 좌우 측면은 알파(A)와 오메가(Ω)를 부조하였다.

성서봉독대: 돌로 제작된 봉독대의 앞면에는 4복음사가를 상징하는 '사람'과 '소', '사자'와 '독수리'를 양각하였다.

세례대: 세례대의 형태는 죽음과 부활을 상징하는 4잎형 십자가 형태이며, 상부엔 4단의 8각별로 구성된 가시관 형태의 세례 등이 달려있다. 8각은 새로운 일주일의 첫날이요 재탄생의 날, 부활의 날인 여덟 번째 날을 표현한다.

크라운 등: 성당내부를 밝혀주는 주조명은 중앙 천장에 매달린 12

각의 왕관형 등이다. 12는 예수의 12제자를 상징한다.

조광호 신부가 그린 제대벽화의 주제는 '하늘과 땅의 만남'이다. 무명 순교자의 피와 땀이 하나로 어우러진 신앙고백을 보여주는데 하늘(상부)과 땅(하부), '그리고 이를 이어주는 19개의 계단(지상의 12계단과 천상의 7계단), 좌우의 생명의 나무로 구성되어 있다. 천상의 붉은 빛 십자가는 한국순교자의 상징으로 조선시대 형구형태를 번안한 것인데 7개의 구멍은 7성사를 상징한다. 생명의 나무는 고산지방의 특산물이요 한국 농촌의 상징이기도 한 감나무로서 땅과 농촌이 우리 삶의 근본임을 강조하고 있다.

좌우측 트란셉의 스테인드글라스는 예수 그리스도를 표현한 것인데 동측은 '우리를 위해 희생되신 예수 그리스도' 서측은 '우리의 생명이신 예수 그리스도'를 어린 양과 기적의 빵과 물고기로써 나타내고 있다. 여기에 등장하는 00시 00분은 태초의 시간으로 한국순교 십자가와 함께 작가(조광호 신부)의 트레이드 마크가 된 이콘이다. 서측 세례대의 스테인드글라스는 예수의 세례를 상징하고 2층 성가대석의 7개 스테인드글라스창은 '우리 가운데 계신 예수 그리스도'를 표현 하고 있는데 청색 주조에다 대담한 색의 배열과 빛의 연출로 강렬한 이미지를 주고 있다. 스테인드 글라스에 쓰인 주요 소재는 독일 대작(Desac)의 엔티크글라스(두께 3mm)와 3종류(8,12,16mm)의 납틀(leadcame), 그리고 영국제 초자안료다.

고산성당 전경

고산성당 정면

하느님의 집, 하느님 백성의 집

고산성당 내부(입구쪽) (좌)
고산성당 외관(우)

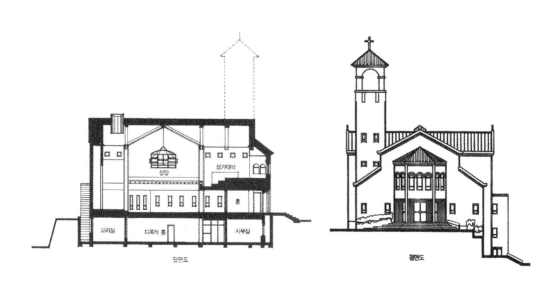

단면도

정면도

고산성당(우)과 수녀원(좌)

고산성당 내부(제단쪽)

로마네스크 양식의 번안

석촌동성당

석촌성당의 대지는 둑방길 아래의 폭 15m 도로와 10m 도로의 코너에 자리 잡은 580평의 장방형이다. 약 1600평의 연면적을 수용하기 위해서는 다층화 할 수 밖에 없는데 사제관과 본당의 분리, 지하 주차장의 배제, 장애, 노약자를 위한 경사로 설치, 마당(만남의 광장)의 확보와 같은 교회측의 기본 요구와 각종 법규의 제한(4종 미관지구), 둑방길보다 10m 낮은 대지레벨, 그리고 높은 지하수위 등은 일상적인 교회건축의 유형을 벗어나기 힘들게 하였다.

여러 대안을 만들기 보다는 대지의 최대한 활용이라는 기본 목표아래 모든 제약조건으로부터 평면을 짜나가는 프로세스를 통해 배치와 형태가 만들어졌다. 남서측에 최소한의 공지(만남의 광장)를 확보하고 성당과 사제관(수녀원)을 별동으로 하되 데크로 연결하고, 그 하부에 화장실과 관리공간을 두었다. 본체의 1층은 회랑으로 둘러싸인 홀과 만남의 방, 그리고 바닥이 스킵된 후면 주차장의 필로티공간으로 구성하였다. 성당은 2층에 위치하는데 1층 홀의 계단을 통해서 또는 데크를 통해서(주로 주일 미사시 이용), 그리고 주차장과 연결된 경사로(노약자 이용)를 이용해 접근할 수 있다. 전체 형태는 본체의 큰 매스와 사제관의 작은 매스를 낮은 데크와 가벽이 연결하고 코너에 높은 종탑을 둠으로써 균형과 통일을 구하였다.

대성당의 전례공간은 1:1.4 정도의 다소 무성격적인 단순한 장방형이다. 그러나 12개의 내부 기둥과 천장고의 차이, 빛의 차별화로 몇 개의 특성화된 공간으로 분절된다. 최대한 북측으로 건물을 앉혔지만(그 결과 일조권 사선제한으로 제단 뒷벽면이 꺾여 지게 되었다) 남측 마당의 확보로 내부 종축이 짧아 제의실을 입구 양측에 두고 출입구 홀은 우측면에 두었다. 입구 홀은 전통적인 배랑에 비해 상대적으로 좁기 때문에 옥외 데크로 그 기능이 확장이 될 수 있도록 하였으며, 종축 남쪽은 작은 홀로 구성하여 여기로부터 입당 행렬이 시작되고, 고해를 비롯한 여러 성사와 전례의 준비와 시작이 되게 하였다. 일반 성당의 구성과 달리 성가대석을 제단 우측 상부에 두었으며, 유아실은 입구홀 상부에 두었다.

내부 벽면의 구성은 빛의 위계적인 배열을 고려하였으며, 일조권에 의해 꺾어진 제단벽의 보기싫은 분절선을 커버하기 위해 벽화로 장식하였다.(원래는 화강석 마감으로 설계하였으나 조광호신부의 제안으로, 하중도 줄일 겸, 전례에 적합한 성서벽화로 장식하였다.) 색과 빛뿐만 아니라 천창의 구성, 창호 등 여러 요소들의 크기 형태에 있어서도 위계적인 분절을 고려하였으며, 지하 2층엔 교리실과 기계실로 구성되며, 서측을 선큰하여 지하공간을 반지하화 하였다. 별동의 사제관은 1, 2, 3층을 공용공간, 주임신부, 보좌신부의 영역으로, 4, 5층을 수녀원으로 구성하였다.

전체 외관 형태는 중세 로마네스크 양식을 현대화시켰는데 파사드의 중심에 육중한 종탑을 두고 성당동의 전면은 바실리카공간을 연상시키는 세 개의 브라인드 아치로 장식하였으며 가운데에 큰 장미창을 두었다. 종탑의 첨탑을 전통적인 양식(Rhinish spire)으로 처리하였으며 수직 줄창을 통해 천국을 오르는 사다리의 이미지를 표상하고자 하였다.

석촌성당은 그리스도를 머리로 하고 신자들을 지체로 한 교회의 위계적이고 분절적인 구조를 내부공간 형태의 분절화와 통일로서 구현함으로써 가톨릭의 정통성을 표현하고자 하였다. 로마네스크 양식의 공간구성과 의장요소를 디자인의 풍부한 어휘로 활용하였다. 그 결과 평범한 형태인 듯하면서도 국내의 진부한 벽돌성당과는 차별화된 성전이 가능하였다.

1. 석촌성당 내부(제단벽화: 조광호 신부)
2. 내부(성가대쪽)

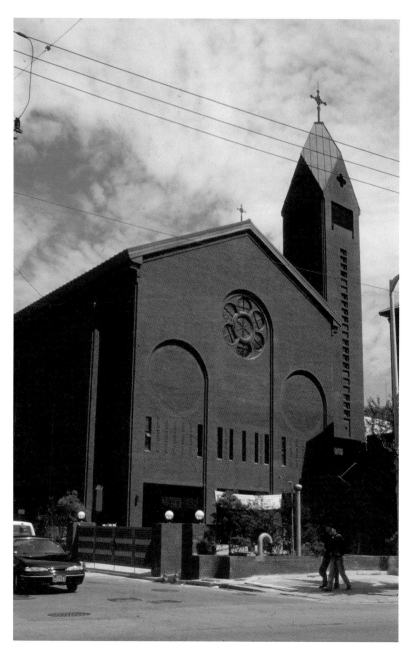

석촌성당 전경

1. 석촌성당 천장
2. 석촌성당 외벽 디테일
3. 석촌성당 외관

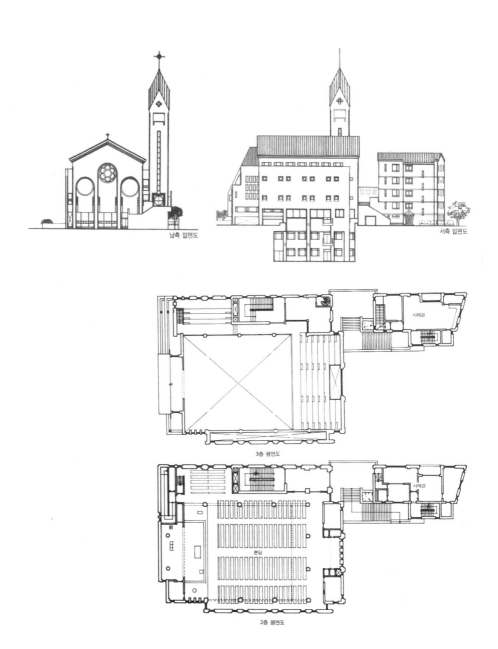

남측 입면도

서측 입면도

3층 평면도

2층 평면도

경기도 여주군 가남면
태평리 191-3, 1999년
건축

공학목재 지붕구조의 시도
가남성당

가남성당은 가남면 소재지의 가남초등학교 뒷편 낮은 언덕위에 위치한
다. 남동쪽이 확 트여 있어 멀리 내려다보이며 이천 장호원 간 3번 국
도와 331번 지방도에서도 그 존재를 살며시 인식할 수 있는 좋은 입지
조건을 갖고 있다. 1,500여 평의 대지에 기존의 수녀원과 사제관을 그
대로 둔체 성당과 교육관을 신축하는 현상설계 프로젝트에서 제시했
던 안이 그대로 실현되었다. 사방이 트인 경사대지는 이미 6년을 지내
오면서 북쪽 약 200여 평의 언덕을 빼고는 모두 평평하게 정지되어 있
고 수령 60년의 느티나무 두 그루가 대지 한 가운데 서있다.

　배치의 기본개념은 가능한 느티나무를 중심으로 한 마당을 살리면
서 소박하고 편안한 건물을 기존건물과 조화되게 앉히는 것이었다. 권
위적이거나 상징적인 종교건물보다는 형태에 있어서나 시공·관리에 있
어서 부담없는 건물이 지역의 정서와 교회공동체의 의식에 적합한 것
으로 판단하였다.

　두 개의 건물—정방형의 성당과 직사각형의 교육관—을 직교되게 배
치하고 성당의 전면에 배랑을 설치해 교육관 출입구와 연결시킴으로써
기능성을 높임과 동시에 느티나무 중심의 마당을 적극 살리게 하였다.
교육관의 1층 다목적 강당의 전면을 모두 유리창으로 처리함으로써 마

당과 강당의 내외공간을 시각적으로 밀접한 관계를 맺게 하였고, 성당의 배랑을 야외 행사시 무대 또는 제단이 될 수 있도록 처리하였다.

성당은 정방형 평면의 대각선 축을 종축으로 하여 제단과 중앙통로, 전실을 배치하였다. 건물의 외형축과 내부공간의 축은 45도로 꺾여있는데 그렇게 함으로써 외부공간의 정돈된 질서와 함께 내부공간의 다이내믹한 깊이감을 이룰 수 있었다. 전실에는 세례대를 둠으로써 성당 출입시 입교시 세례성사를 회상할 수 있도록 하였으며 제단과 일직선 축으로 시작과 끝–알파·오메가–의 상징성을 추구하였다. 성당 내부는 밝고 온화한 공간을 원했던 본당신자들의 요구에 따라 창면적을 넓게 하고, 중앙에 천창을 둠으로써 주변의 하늘과 수목의 풍경을 그대로 내부에 받아들였다.

피라미드 형 지붕은 목재 집성보와 목재 데킹 구조인데 17.4m 사방의 네모서리의 지지대(기둥)가 대각선 24,6m의 스판을 지탱하고 있다. 목재 집성보는 별도의 이중천장이 없이 솔직 간명하고 자연적인 내부 공간을 만들 수 있는 이점이 있다. 그동안 구조뿐만 아니라 방부, 방염, 내화에 대한 불안감 때문에 망설였던 글루렘 구조를 독일회사의 기술력과 성실한 컨설턴트 도움으로 쉽게 실현할 수 있었다.

가남성당 전경

교육관에서 바라본 가남성당

1. 가남성당 천장골조(독일 데릭스사 제작)
2. 가남성당 내부
3. 배치도

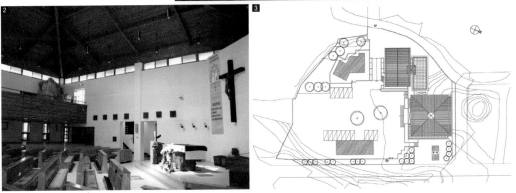

하느님의 집, 하느님 백성의 집

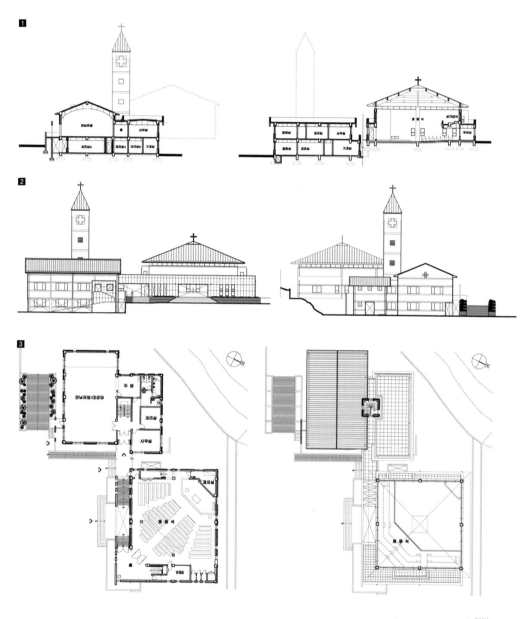

1. 단면도
2. 입면도
3. 평면도

언덕 위의 타원주(橢圓舟)
영암 시종성당

전남 영암군 시종면
만수리 산 120,
1999년 건축

성당을 설계하고 지으면서 여러 가지 경험을 하게 되지만 설계에서부터 완공, 그리고 지은 후 10년의 세월이 흐른 지금까지 시종일관 기쁨과 감동으로 기억되는 곳이 한 곳 있다. 전라남도 영암군 시종성당이 그곳인데 이 곳 출신의 한 형제의 봉헌에 의해 지어진 작은 공소건물이다. 아주 오래전부터 있었던 건물처럼 주변환경과 잘 조화를 이루고 있으며 특히 조경과 성미술의 완성도가 높다.

마을(시종면소재지)의 초입이면서 마을 전체를 내려다 볼 수 있는 낮은 언덕 위에 마을을 향해 타원형 배 모양을 하고 있다. 타원형 배모양의 매스에 낮고 긴 입방체의 주거공간(사제관/수녀원)을 부가하고 연결 부위에 수직 종탑을 둠으로써 비대칭적 균형을 이루고 있다. 정면, 후면, 측면 사방에서 보아도 다 드러나는 형태는 여러 가지 형태를 은유하고 있다. 특히 실루엣으로 보이는 후면(동측)은 주교의 관으로 읽혀질 수 있도록 단순한 윤곽선을 살리는 대신에 의도적으로 디테일은 생략하였다.

토석벽돌, 줄눈의 색상, 적색창틀 등은 이 지역의 황토색과의 일치를 위함이었고 타원형의 곡선은 고분군의 이미지를 반영하였다. 주변의 청동기 고인돌과 삼한시대 옹관고분처럼 오래전부터 원래 그 자리에 있었던 것같이 땅과 일치되어 있다. 유리화 작가 마르크 수사의 스테인드글라스 창을 통해 들어오는 영롱한 색광은 이곳을 방문한 사람들 누구에게나 잔잔한 기쁨과 감동을 주고 있지만 그보다 건축 과정에 얽힌 이야기는 이 건물의 아름다움을 배가한다.

형제의 직영으로 진행된 기사 한명 없는 공사는 순조로울리 만무하였고, 형제의 눈에 차지 않는 현지인부들의 거친 솜씨는 쌓고 허물고 다시 쌓기를 반복하였으며, 예상보다 한없이 들어가는 벽돌 량에 형제는 차츰 설계자를 원망하고 있었는데 어느 날 뒷마당에 파묻은 생벽돌을 발견하게 된다. 벽돌의 양으로 일꾼의 노임을 계산하였는데 까다로운 벽돌쌓기에 지친 일꾼들은 안보는 사이에 반 이상을 아예 땅에 파묻어 버린 것이다. 경찰서에서 혼쭐이 난 일꾼들은 형제의 용서로 다시 공사를 하였고, 그들은 신앙은 없었지만 혼신의 힘과 정성을 다해 공사를 하였다. 그 결과 서울의 어느 전문 기술자 못지않은 작품을 만들어 낸 것이다.

공사가 반 정도 되었을 무렵 IMF외환위기가 닥쳤고 조그만 사업을 하고 있었던 형제는 당신의 집마저 공매로 넘어가는 어려운 상황을 맞게 된다. 하루아침에 집까지 잃게 된 형제는 하느님을 원망하기도 하였지만 자신의 살길을 찾지 않고 혹시 공소의 땅과 건물이 채권자에게 넘어갈까봐 서둘러 교구에 헌납하게 된다. 그 후 분노와 아픔을 달래며 오로지 기도와 성당 짓는 일에 혼신의 힘을 쏟아 부었다. 나무 하나하나 직접 구해 심고 가꾸어서 오늘의 아름다운 건물이 된 것이다.

며칠 전 여러 분야의 미술가들이 함께 시종공소를 방문하였다. 주변 환경과 함께 온통 빛으로 채우고 물들이는 신비로운 시종공소의 스테인드글라스는 저 무한한 하늘 자체의 빛의 생동하는 굴절로 우주의 섭리에 따라 시시각각 변주되는 오케스트라였다. 어떻게 이 시골에 이렇게 아름다운 건물이 들어설 수 있었는지? 모두들 성당을 떠날 줄 몰랐다. 성당은 돈과 기술로 지어지는 것이 아니라는 것을 새삼 깨닫게 하는 하루였다.

(서울교구 주보 말씀과 복음의 이삭, 2007년 2월 17일 게재)

시종성당 잔디광장과 성당
(가운데 고인돌 야외제대)

시종성당 내부

시종성당 배면

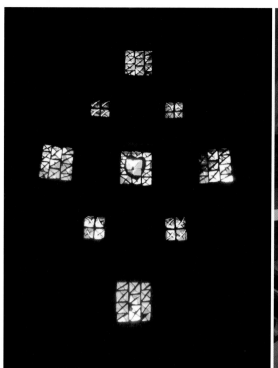

스테인드글라스(마르크 수사·조규석 作)(좌)
2층 갤러리에서 본 성당 내부(우)

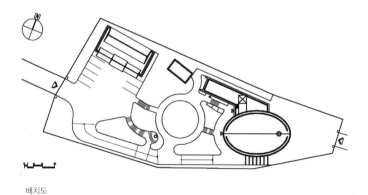

배치도

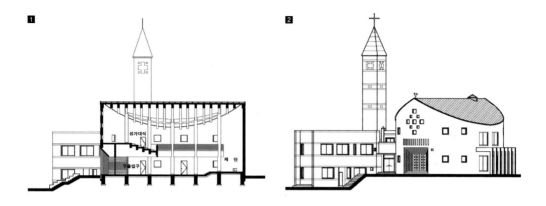

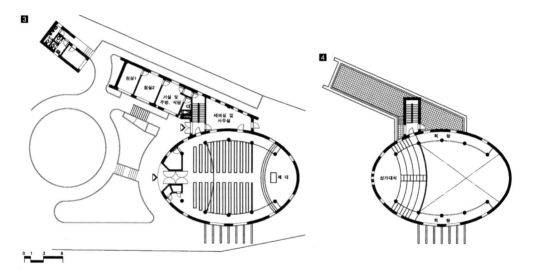

1. 단면도   2. 입면도
3. 1층 평면도   4. 2층 평면도

경북 울진군 북면
부구리 231-11,
1998년 건축

바다를 향해 비상하는 콘크리트 성전
울진 북면성당

울진 북면성당은 공소로 지어진 작은 성당이다. 성당의 대지는 20m 폭의 동해안 국도변의 야산을 절토한 낮은 언덕에 위치한다. 대지 조성시 기존의 수목과 형질을 완전히 바꾸고 인공적인 석축으로 단 처리함으로써 삭막하고 비인간적인 스케일과 모습을 갖고 있었다. 하지만 국도변으로 세 방향이 개방되어 있고, 도로가 120도 꺾이는 결절점이기 때문에 우월한 조망확보와 랜드마크로서의 좋은 조건도 갖고 있다.

학교 운동장처럼 평평한 무성격의 땅에 어떠한 형태를 어떤 위치에 어떻게 자리잡을까? 하는 것이 이 프로젝트의 설계 핵심이었다. 모든 설계가 다 그렇지는 않지만, 특히 나는 기능과 프로그램을 충실히 합리적으로 해결해 나가는 태도를 중시하는데 이 프로젝트에서는 그렇게 접근하지 않았다. 흰 백지 위에 하나의 점과 하나의 선(축)을 긋는데서 설계가 끝나는 그런 것이었다.

바다를 향해 비상하는 듯한 마름모꼴의 형태는 성당건축으로는 낯설지만 교회건축의 정통성과 역사성에 바탕을 둔 현대 성당건축의 한 유형이라 할 수 있다. 정방형 평면의 대각선 축에 부채꼴형태의 회중석을 배열하고 부공간(제의실, 유아실, 성가대, 감실)을 부가하되 전체 매스를 마름모꼴의 경사지붕으로 중심을 잡았다. 여기에 등대 이미지의 종탑을 건물과 약간 이격시켜 데크로 연결하고 경사 참로를 부가함으로써 전체 형태가 구성되었다.

성당의 축은 북쪽 국도의 방향과 일치하고, 평면의 사각변은 계획도로와 대지경계선에 대응함으로써 지면레벨에서의 안정감과 대지 활용도를 높힘과 동시에 역동적인 지붕형태가 가능하였다. 동남쪽 도로에서의 접근시 건물은 입체감 있게 보이고, 대지 입구쪽 둔덕은 처음엔 전체를 보여주다가 차츰 지붕의 일부와 십자가만 보이고, 본체를 가렸다가 대지에 다 오르면 전체를 드러나게 하는 접근의 재미있는 시컨스를 만들어 준다.

나는 항상 가난의 정신과 물성의 표현, 그리고 자연의 찬미를 통해 복음성신이 성당건축에 육화되어야 한다고 생각하였고, 그렇게 되기를 기대하였다. 흔히 최고의 교회건축 모델로 생각하는 중세 고딕성당은 구조적 물질화와 빛의 초자연적인 연출로 영적인 내부공간을 만들었다. 돌의 물성을 무시하거나 왜곡한 것이 아니라 돌의 역학적인 성능과 조각적인 성질을 최대한 이용한 것이다.

우리는 건축물의 가치를 평가할 때 구조와 재료를 가지고 말하는 경우가 많다. 벽돌조냐 콘크리트조냐 철골조냐에 따라서 건물의 값이 매겨지는 현실은 공사비와 관련이 있으므로 어쩔 수 없다 치더라도 구조는 노출되지 않고 반드시 다른 비싼 재료로서 감싸야 하며, 블록보다는 적벽돌이, 적벽돌보다는 돌이, 국산 화강석보다는 수입 대리석이 우월하다는 피상적인 가치 판단은 너무나 천진난만한 감각적 평가의 수준이 아닐 수 없다. 건축재료에 대한 이러한 편견이 우리 교회 건축문화의 발전을 저해하는 요인이다. 건물의 규모, 형태에 따라서 구조방식이 결정되고, 주변환경과 건축가의 소재에 대한 감수성 등에 의해 적절한 재료가 선택되어야지 처음부터 아름다운 재료, 고귀한 재료가 따로 있는 것이 아니다.

물성의 표현에 적합한 재료는 콘크리트다. 그러나 노출 콘크리트를 마감재료로 쓰기에는 온도변화가 큰 우리의 기후나 대중의 정서 등 많은 장애가 있다. 그리고 실제로 비싼 시공비 때문에 한 번도 써보지를 못했고 북면성당에서도 고려해 볼 수가 없었다. 그러나 시공과정에서 외벽을 노출콘크리트로 바꾸게 되었다. 미학적인 이유와 견고성, 그리고 철근과 콘크리트 지원을 받을 수 있었던 시공의 경제성 때문에 결정된 것이지만 설계자로서는 내심 환영하면서도 걱정이 없지 않았다. 다행스럽게도 북면성당 구조물 시공에 참여한 감독자와 작업자들은 훌륭한 표면질감을 표현해 냄으로써 앞서 장인의 미덕을 보여주었다.

북면성당에 쓰인 재료는 노출콘크리트와 토석벽돌이며 어떠한 마감처리가 없이 소재 그대로이다. 거칠고 힘 있는 콘크리트와 벽돌은 중세건축에 접근하는 강한 표현성을 갖고 있다. 시멘트와 모래와 자갈이 어우러져 거대한 힘을 발휘하고, 힘찬 거푸집 패턴은 물과 빛과 시간을 말해준다. 여러 소재들이 모여 하나의 생명체를 이루는 이러한 구조는 바로 하느님이 만드신 질서가 아닌가! 현대인들이 상실한 표면질감에 대한 감각적인 의식과 잃어버린 감성을 회복시킬 수 있길 기대한다.

건축가를 선정하는 일 못지않게 중요한 것은 현명한 건축주의 역할이다. 이번 프로젝트를 추진한 북면성당의 신부님과 교우들 그리고 공사관계자들은 참으로 건축가를 볼 줄 알고, 선택하고 끌고나간 것 같다. 믿고 맡겼을 뿐만 아니라 성실하게 연구하고, 사색하고, 기도한 흔적이 곳곳에 배어있다.

동해안에 위치한 이 성당은 교구 본당으로서의 기능뿐만 아니라 여러 가지 건축적·사회적 의미를 갖고 있다. 누구에게나 열린 특히 여행자와 고통 받는 자들을 그리스도의 고통과 부활의 신비에 동참케 하고 그들의 내부에서 영혼의 여과와 동화작용을 일으키게 하는 성당이 되기를 간절히 기도한다.

(북면성당 건립이야기, 1998)

북면성당 전경

1. 북면성당 내부
2. 성가정상과 베드로의 닭
3. 경사로(참로)
4. 종탑 십자창을 통해 본 성모상과 베드로의 닭

하느님의 집, 하느님 백성의 집

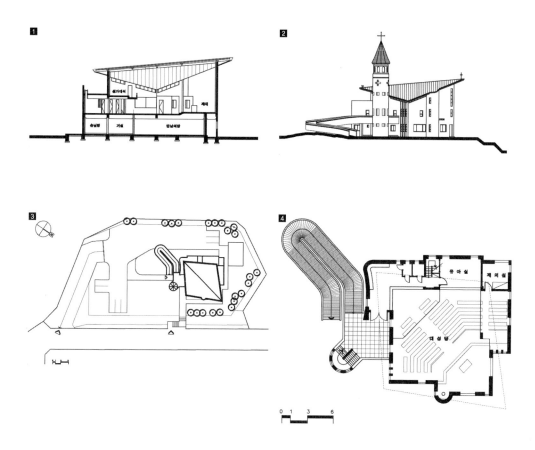

1. 단면도
2. 입면도
3. 배치도
4. 2층 평면도

서울시 송파구 문정동
150-33,34, 2002년 건축

최소대지의 교구성당
서울 문정2동성당

문정2동성당은 88서울 올림픽 때 지어진 대단위 아파트 단지에 위치한, 가락성당으로부터 분가한 신설본당이다. 당시 이곳에서 10년간 살았고 사목위원이었던 내가 초대신부님의 성급한 신축계획에 반대했던 대가로 설계봉헌을 해야 했던 성당이다.(외주비 등 실비용은 받았음) 본인이 다니는 성당은 설계하지 않는다는 말이 있을 정도로 스트레스를 받는 일이 한두 가지가 아니었지만 작은 대지를 효율적으로 활용하기 위해선 누구보다도 그 대지에 익숙하고, 본당 공동체를 잘 아는 건축가가 할 수 있다고 생각하여 설계는 물론이고 인테리어, 로고 디자인까지도 떠맡았다.

2,000년대 복음화의 요체인 본당의 분할과 소공동체의 활성화를 어렵게 하는 장애요인은 부지확보의 어려움과 법규의 제약이다. 아파트촌의 신자 3,000명으로 분가하여 5,000명을 목표로 건립된 문정 2동성당은 어쩌면 대도시 신설본당의 전형적인 모습이라 할 수 있다. 당시 서울대교구는 신자수 4,000명 이하, 사목지역 반경 0.6km, 도보 10분 이내, 최소 대지면적 300평을 기준으로 본당을 분할하였다.

4면이 도로사선제한을 받는 대지 218평이라는 협소한 땅에 사제관·수녀원을 포함해 700여 평의 건물면적을 확보하는 데의 어려움은 주차장과 조경면적의 확보와 높이제한 등이다. 1층 필로티(주차장)와 옥상 조경으로 법규의 제약을 해결하면서 ㄱ자형 평면으로 본체와 코어를 배치하였다. 최대한의 건폐율을 채우면서도 시각적 여유를 확보할 수 있었던 것은 주변도로와 인접한 근린공원의 조망을 적절히 활용할 수 있었기 때문이다.

다소 진부하게도 느껴질 수 있는 종탑과 적벽돌의 채용은 정통성과 함께 신자들의 의식과 타협한 결과이며, 단순·명료한 형태와 장식의 절제로 모던하면서도 편안한 외관을 추구하였다. 애초 의도했던 옥상 공원의 활용과 제단 뒷벽의 유리벽 처리에 의한 자연과의 관계 맺기가 결실을 보지 못한 아쉬움이 있다.

문정2동성당 내부

1. 성당 내부(제단)
2. 성당 외관
3. 성당 내부
4. 성당 조감
5. 제단 후면 창

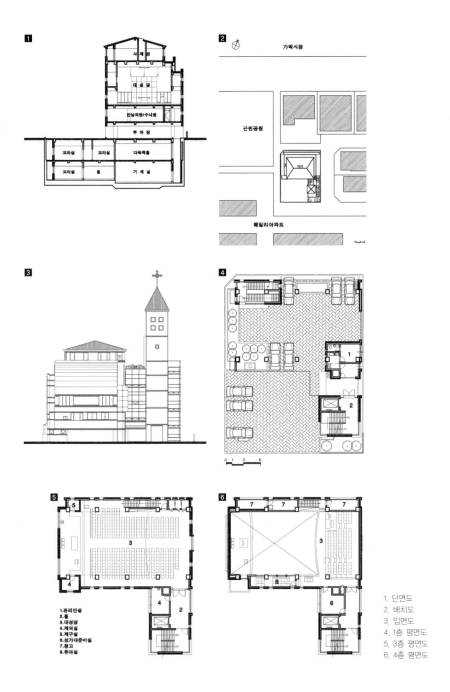

1
사제관
대성당
만남의방/수녀원
주차장
교리실 교리실 다목적홀
교리실 홀 기계실

2
가락시장
근린공원
해밀리아파트

3

4
1
2

5
3
4
4 2
5

1.관리안실
2.홀
3.대성당
4.제의실
5.제구실
6.성가대준비실
7.참고
8.뮤아실

6
7 7 7
3
8
6

1. 단면도
2. 배치도
3. 입면도
4. 1층 평면도
5. 3층 평면도
6. 4층 평면도

서울시 도봉구 방학동
436-3, 2002년 건축

부채꼴 성당
서울 방학동성당

서울 동북부 외곽에 위치한 방학동성당의 대지는 북쪽으로는 도봉산, 서쪽으로는 인수봉이 위치해 있는 건물최고높이 제한 주거지역으로 15m 도로변에 면한 약 786평의 부정형 대지이다. 현상설계를 통해 채택된 안을 본당신부님의 이동 후 여러 차례 수정한 끝에 지어졌고, 현재는 또 증축하여 일부가 변화된 모습이다.

전체배치는 대지 형태에 대응한 부채꼴 형태의 성당(지하1층, 지상3층)과 장방형의 사제관(기존건물의 리모델링, 지하층, 지상3층), 그리고 다목적의 마당으로 구성되어 있다. 제대로부터 부채꼴로 방사해 나가는 신자석 배열은 제2차 바티칸공의회의 정신인 '전례에의 적극적인 참여'를 시청각적으로뿐만 아니라 내·외부 형태로 구현한 일종의 상징이랄 수 있다. 부채꼴의 원호(圓弧)면이 길기 때문에 상층 갤러리의 좌석수를 많이 확보하고 있으며, 다소 긴 원호면의 입면을 장미창과 현관아치, 벽면의 분절 등 매너리즘(mannerism)적인 수법으로 조정보완하고 있다.

제단 상부는 5각형의 광탑을 두어 외광이 꺾여 들어오게 함으로써 은은한 조도를 유지하였고, 도봉산과 인수봉의 경관을 성당내부로 끌어들이기 위해 성가대석 후면에 큰 장미창과 측창을 두었다. 기존 사제관 지하와 성당 사이에 선큰 마당을 두어 지하층의 쾌적한 환경을 도모하였고, 동선의 원활한 흐름을 위해 주계단 외에도 마당과 지하주차장에서 성당에 바로 연결되는 경사로와 동측 옥외계단을 두었다.

완만한 아치형 지붕 천장구조는 글루렘(glurem, 집성목 구조)으로 구조가 그대로 마감이 되는 구조적 진실성과 표현성을 추구하였다. 화강석 바닥과 벽돌벽, 그리고 목재천장의 내부공간은 음을 적절히 방사·공명하여 장엄한 성가로 하느님을 찬미할 수 있게 한다. 독일의 교회음향 전문 업체인 스테펜스의 음향시스템은 말씀의 명료도와 성가의 풍성함(울림)이라는 상충되는 요구를 훌륭히 해결하였다. 즉 담당 거리가 다른 다섯 개의 스피커가 한 조로 된 세장형 스피커를 통해 독서와 강론은 우월한 직접음으로 명료하게 들리게 하고, 성가는 반사음을 충분히 활용토록 하였다.

성미술은 두 사람의 조각가와 화가에 완전한 자유로 일임되었다. 통일성을 이루었고, 참신하고 대담한 시도가 신선한 자극을 준다. 유리화 작가는 오스트리아 슐리어바흐 시토 수도원의 오버외스터라이히 유리화 공방(Obersterreichische Glasmalerei des Zisterzienserklosters Schlierbach)에서 왕성한 작업을 하고 있는 화가 최영심인데 국내에서 회화를 전공한 후 로마에서 프레스코화를 전공하고, 1985년부터 유리화 장인 루카스 홈멜브룬너(Lukas Hummel brunner)와 협동작업을 하여왔다. 성서를 소재로 한 작업이 주류를 이루며 사실적인 묘사보다는 대상을 단순하고 명료하게 표현하고 있다. 방학동 성당의 유리화에서는 유약작업 없이 깔끔하게 처리함으로써 회갈색 톤의 유럽풍에서 다소 벗어난 작품을 보여주었다. 좌우 수평고창의 색조가 투과광의 눈부심을 충분히 조절하지 못하고 있는 점이 아쉽다.

성당 내 모든 성미술 작업을 한 고(故) 장동호는 최근 왕성한 작업으로 주목받는 조각가다. 서울대학교와 이태리 까라라 아카데미, 독일 스투트가르트 아카데미에서 수학한 그의 작품은 성상조각의 기존개념을 깨트렸다고 평가할 정도로 혁신적이다. 간결한 선과 절제된 볼륨으로 성상의 순수함과 거룩함을 드러낸다. 그러나 일부 기호(sign)이어야 할 부분이 개성적인 상징(symbol)으로 채워짐으로써 건축어휘와 상충되는 점이 아쉽다.

방학동 성당의 설계는 주어진 조건과 가톨릭 전례기능에 충실히 응답한 결과이다. 어떠한 형태개념도 조형성 추구도 없었다. 건축은 단지 전례를 담는 그릇이고, 행위를 위한 배경일 뿐이었다. 따라서 군더더기가 일체 없다. 하지만 글루렘과 벽체가 만나는 부분의 미숙함, 노출콘크리트 기둥의 거친 시공, 세심한 디테일의 부재가 아쉬움으로 남는다.

1. 그리스도상(고 장동호 作)
2. 스테인드글라스 창(최영심 作)
3. 방학동성당 조감
4. 방학동성당과 도봉산
5. 로비의 스테인드글라스 창
   (최영심 作)

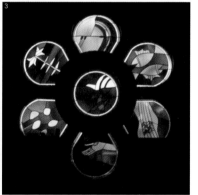

1. 방학동성당 내부
2. 성모상(장동호 作)
3. 장미창(최영심 作)

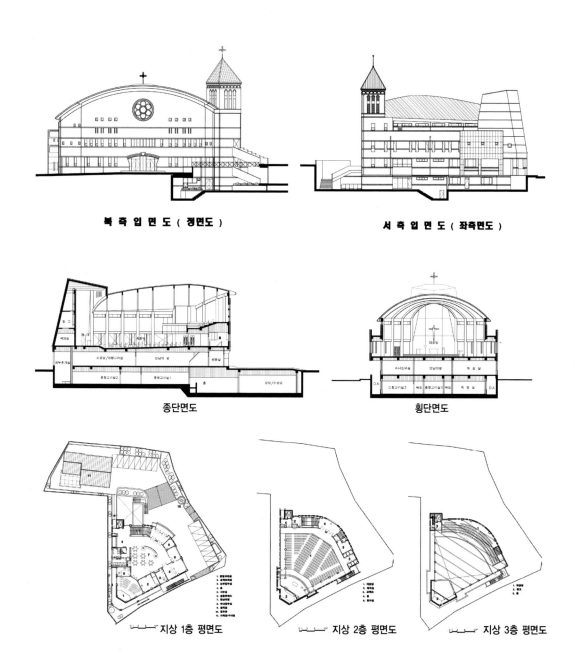

북측입면도 (정면도)

서측입면도 (좌측면도)

종단면도

횡단면도

지상 1층 평면도

지상 2층 평면도

지상 3층 평면도

충남 천안시 쌍용동 967
번지, 2002년 건축

원형 성당
천안 쌍용동성당

천안 쌍용동은 새로이 개발된 젊고 활기찬 주거지역으로 아파트와 근
린생활시설들이 우후죽순으로 들어서는 지역이다. 바둑판 모양으로
구획된 정방형에 가까운 595평 대지는 자칫하면 일상적인 형태의 건
물군 속에 파묻혀 특색 없는 건물로 끝날 수 있다.

현상설계에 제출된 안은 원형의 성당과 장방형의 사제관이 45°로
연결된 모던한(비전통적인) 형태였는데 매우 역동적인 쌍용동 신앙공동체
는 이를 주저없이 수용하였다. 원형이 갖고 있는 문제는 잔향이 심한
음향문제, 장스판의 지붕골조, 지지골조에 의한 하부층 공간분할의 제
약, 작은 제단면적 등 여러 가지였다. 그러나 원형이 갖고 있는 우월성
과 상징성, 배의 이미지 등 잠재력도 만만찮다.

원의 중심에 제단을 배치하는 구심성 배열의 유혹이 줄곧 따랐으나
우리 신자들의 전례행태와 사목적 고려를 존중해 종축의 배치를 채
택하였다. 즉 원과 만나는 장방형의 절반 부분에 계단실, 엘리베이터,
홀을 배치하고, 45° 꺾인 축을 종축으로 하여 성당의 출입구, 통로 그
리고 제단을 배열하였다. 제단의 뒷벽은 원호 둘레보다 약간 더 돌출
시켜 공간 확보와 함께 외형에 변화를 주었으며, 긴 종축을 용마루로
하여 맞배의 경사지붕을 씌웠다. 8개의 내부열주가 주 구조체가 되고,

1.8m의 외주통로가 둘러싸는데 마당을 면한 1/4면에는 다시 1.8m의 외주를 덧붙여 옥외계단과 성체조배실, 고백소를 배치시켰다. 출입구 상부층에 성가대석과 유아실을 두었으며, 상부층의 1.8m 외주통로는 추가 신자석을 제공할 수 있다.

장방형 절반의 사제관은 사무실(1층), 신부집무실과 제의실(2층)을 통해 대성당과 바로 연결되며, 부채꼴의 대공간은 만남의 방(1층), 다목적 강당(지하층)으로 구성되고 나머지는 모두 방형의 공간(교리실)으로 배열할 수 있었다. 우려했던 공간분할의 제약은 기우에 불과했고, 장스판의 지붕골조는 독일회사의 글루렘(집성목구조)으로 해결하여 아름다운 구조미와 진실성을 표현할 수 있었다. 음향 역시 영롱 쌓기 내부벽돌벽과 독일 스테펜스의 교회음향 시스템은 독서와 강론의 명료한 음과 성가대의 웅장하고 풍성한 음을 동시에 제공한다.

상대적으로 넓게 확보한 마당과 신자들을 반기는 건물배치, 그리고 유기적인 곡면과 등대 이미지의 원형 종탑, 외형뿐만 아니라 성당 내부공간의 배의 이미지는 진리(천국)를 향해 나아가는 교회 공동체의 상징이다.

모형사진

1. 쌍용동성당 전경
2. 내부 제단   3. 전경   4. 성모상과 예수성심상

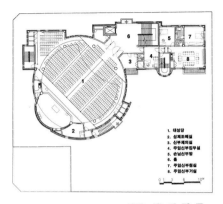

지상 2층 평면도

1. 대성당
2. 성체조배실
3. 신부재의실
4. 주임신부집무실
5. 손님신부방
6. 홀
7. 주일신부영실
8. 주일신부거실

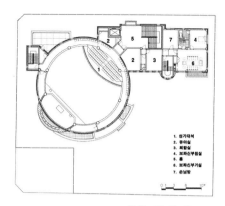

지상 3층 평면도

1. 성가대석
2. 유아실
3. 회합실
4. 보좌신부집무실
5. 홀
6. 보좌신부거실
7. 손님방

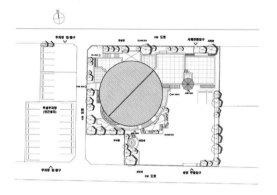

배 치 도

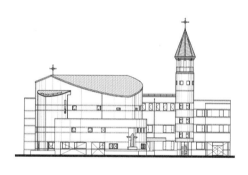

정 면 도 (남측입면도)

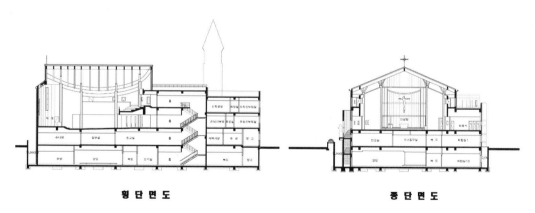

횡 단 면 도   **종 단 면 도**

전남 영광군 홍농읍
상하리 212,
2003년 건축

들판의 랜드마크
영광 홍농성당

한국수력원자력발전소의 지원으로 건축 당시 공소로 지어진 성당이다. 영광원자력발전소 진입부에 위치하고 있다. 남측에는 원자력발전소 사원 아파트 단지의 낮은 언덕이 있고 사방은 논밭으로 확 틔어져 있다. 울진 북면성당(1998)의 인연으로 설계하였는데 KEDO 함경남도 금호지구 종교시설(법당, 성당, 교회당)의 설계까지 이어졌다. 근래 유치원과 수녀원이 성당으로부터 이격하여 증축되었다.

1층엔 만남의 방 교리실, 사무실, 그리고 사제관이 위치하고, 2층에 성당이 위치하는데 성당의 내부공간은 78평으로 200석의 회중석이 부채꼴로 배치된다.

건물의 형태는 정방형의 대각선을 축으로 하여 한쪽 코너에 제단을, 그리고 반대쪽에 출입구를 두었는데 출입구는 삼각형 공간을 부가하여 홀을 만들고 우측 내부계단과 좌측 옥외 경사로의 진입구와 연결하였다. 홀의 모서리는 유리벽(스테인드글라스)를 두어 경사로를 오르면서 내부 일부와 시각적으로 연결하였는데 이곳에 세례대(성수반 겸용)를 두어 제대와 한 축을 이루게 하여 시작과 끝을 상징화 하였다.

이러한 축은 평면뿐만 아니라 지붕형태에서도 구현되었다. 즉 피라미드 형태의 모임지붕의 중심을 제단 쪽으로 약간 이동하여 진입방향은 완경사를, 제단 상부는 급경사를 이루게 하고 정점은 플래트한 마름모꼴의 천창으로 하여 내부조도와 함께 하늘을 향해 열려있는 전례공간을 만들었다. 다소 과장한 십자가형태의 천창 골조와 함께 정방형의 양 후면에 단위공간(8평 교리실, 6평 유아실)을 부가하여 기능적으로 융통성을 도모하였다.

외벽은 노출콘크리트이며 성당 내부는 밝은 색의 벽돌조적으로 인간적인 스케일과 온화한 분위기를 연출하였다 내부공간은 경사도가 다른 사다리꼴의 천장이 이루는 기하학적인 입방체로서 단순명료하게 처리하였다.

성당 북측 전경

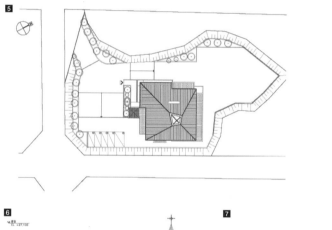

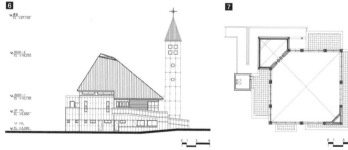

1. 남측에서 본 홍농성당
2. 성당 내부
3. 성당과 수녀원 연결 브리지
4. 성당 남측
5. 배치도
6. 입면도
7. 평면도

그리스도의 향기
포항 죽도성당

죽도성당의 대지는 폭 25m의 북측 도로와 폭 6m의 동서측 도로, 그리고 폭 4m의 남측 도로 등 4면이 도로에 접한 872평의 장방형 대지로 일반 상업지구에다 전면도로에서 2m 셋백하여야 하는 미관지구이다. 성당, 강당, 교육관, 마을금고 등 기존 여러 건물 중 4층의 가톨릭 문화관만 남기고, 새 성전에 나머지 기능을 모두 수용하는 프로젝트였다.

대지형태는 반듯하나 진입 전면이 북측인데다 남측에 4층 건물(가톨릭문화관)이 가로막고 있고 동측은 여관으로 둘러싸여 시각적 환경이 그다지 좋지 않은 대지이다. 북측 전면도로에서의 위엄 있는 경관을 확보하면서 도로변의 소란함으로부터 벗어난 넓은 마당을 확보하는 것과 성당 진입 시 기존 가톨릭문화관을 가리지 말아야 하는 것이 배치의 주요 요구사항이었다.

두 번에 걸친 설계경기에 참여하면서 수많은 대안을 만들고 버리고 하면서 대지가 갖고 있는 잠재력을 읽을 수 있었다. 소음과 바람을 등지고 앉으면서 가톨릭문화관과의 인동거리를 최대한 확보하기 위해서 건물을 북서측 코너에 동남향으로 앉혔다. 정방형 성당 매스에 장방형 사제관을 연결한 ㄱ자형 평면이 구성되었는데 주출입구는 성당과 사제관을 연결하는 부분에 계단실과 엘리베이터와 함께 두었으며, 자연스럽게 유도하기 위해 성당의 마당을 면한 전면을 곡면으로 처리하였다.

건물의 구조와 평면은 1.8m 모듈의 격자체계이지만 대성당의 공간구성은 정사각형의 대각선을 축으로 하여 부채꼴로 하였다. 그렇게 함으로써 제단에 이르는 통로 길이를 길게 하고, ㄷ자형 상층 갤러리에도 상당한 좌석을 확보할 수 있었다. 결과적으로 제대를 중심으로 둘러싸는 집중적인 내부공간을 구성하였는데 이는 시청각적으로 신자들의 적극적이고 능동적인 전례참여를 고무하는 제2차 바티칸 공의회의 전례정신을 구현한 셈이 되었다. 안정되고 완전한 형태를 위해 지붕형태는 8각형의 모임경사지붕으로 만들었고, 조금 진부한 듯하지만 정통적인 종탑이 전체의 중심을 잡아주어 로마네스크의 안정되고 굳건한 이미지를 만들었다.

내화구조에 대한 과도한 법규적용으로 당초의 집성목(글루렘) 지붕 골조를 쓰지 못하고, 통로 시작점에 세례대 공간을 확보하지 못한 점 등 아쉬운 점이 있으나 전문가가 열성을 다한 스테인드글라스, 성미술, 가구집기, 음향설비, 조경, 그리고 베테랑 감독관과 시공사의 성실한 작업이 어우러져 완성도 높은 건축이 되었다. 사제관과 사무실, 만남의 방과 다목적 홀의 친교 공간, 지하의 납골당과 기계실 등 여러 기능들의 유기적이고 합리적인 배치는 신부님 이하 건축위원회의 열성적인 탐구의 결과이다.

지금까지 적지 않은 성당 프로젝트를 경험하였지만 지난 4년간 무려 30여 회에 이르는 도면 수정을 하였다. 다소 기본 콘셉트를 잃은 측면도 있지만 그런 만큼 설계자의 아이덴티티보다는 기능성과 합리성을 고루 갖춘, 그리고 누구에게나 경건하고 아름답고, 편안한 성전이 되었다고 생각한다. 죽도성당이 포항지역 가톨릭 신앙의 근본이자 모 본당으로서의 역사성과 상징성을 표현하고, 지역문화 활성화의 거점으로서 충실한 역할을 할 수 있기를 기도드린다. 열성적인 죽도 신자들과 함께 한 지난 4년을 큰 영광으로 간직하며 ……

1. 죽도성당 전경
2. 죽도성당 조감

성당 내부

성당 평면도

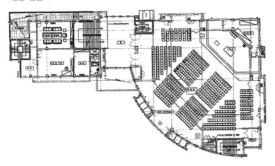

성당 횡단면도

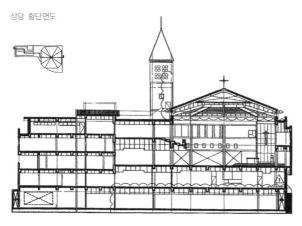

성당 종단면도

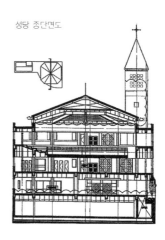

제2차 바티칸 공의회 전례정신의 구현
평택 송현성당

평택시 송탄읍은 미군기지 이전으로 급속히 팽창하고 있는 활기찬 도시이다. 송탄출장소 인근에 자리 잡은 송현성당의 대지는 1번 국도의 대로변에서 한 블록 물러난 남북으로 긴 경사지로 사방이 도로에 면해있다. 설계의 주안점은 4m 레벨 차이와 좁고 긴 대지를 어떻게 활용하는가였다. 현상설계를 통해 제안한 강한 상징성의 타원형의 안은 교구 심의과정에서 보다 평범한 안으로 바뀐 아쉬운 점이 있지만 기능과 관리운영, 경제성 등 현실적인 문제를 최대한 수용함으로써 새로운 가능성을 찾을 수 있었다. 그것은 건축이 강한 상징성과 조형성을 드러내는 것 보다는 전례를 담는 그릇으로서 한발 물러나 배경(환경)이 되었고, 그 결과 전례의 구성 요소인 공간과 장소들이 살고, 성미술이 합당한 역할을 할 수 있었기 때문이다.

부채꼴의 평면은 제대를 향한 신자들의 시청각적인 집중도를 높여 적극적이고 능동적인 전례공간을 만들기 쉽다. 부채꼴의 중심축 선상에 제단과 중앙통로, 세례대를 배치하였고, 성당의 한쪽 면에 성찬채플(성체 조배실)을 부가하여 개인 또는 소규모의 기도와 주일 미사시 회중석의 확장이 가능토록 하였다. 지붕 골조가 바로 마감이 되는 집성목 글루렘 구조는 구조미의 솔직한 표현뿐만 아니라 적절한 흡음과 공명으로 훌륭한 음환경을 제공한다.

사제관과 성당의 기능적인 연결과 구분, 다목적 강당과 중·소 교리실의 적정한 배열로 현대교회의 다양한 기능을 수용하는데 무리가 없도록 하였다. 경사지의 활용과 선큰으로 지하공간도 지상층과 같은 채광과 환기여건을 확보토록 하였으며, 각 기능공간의 합리적이고 경제적인 관리 운영이 가능토록 하였다.

성당건축의 양식적 전통을 잃지 않으면서 제2차 바티칸 공의회의 전례정신을 적극 반영하였고, 가톨릭미술가회 회원들의 노력 봉헌으로 수준 높은 성미술이 성당의 아름다움을 더해주었으며, 합리적인 설계로 경제적인 비용으로 완성도를 높힐 수 있었다. 현대성당의 다양한 기능을 적극 수용한 모던한 건물로 평가되어 제10회 가톨릭 미술상을 수상하였다.

송헌성당 남측 전경

송현성당 정면

1. 송현성당 내부(제단쪽)
2. 송현성당 내부(입구쪽)

1. 송현성당 내부(제단)
2. 성수대
3. 세례대

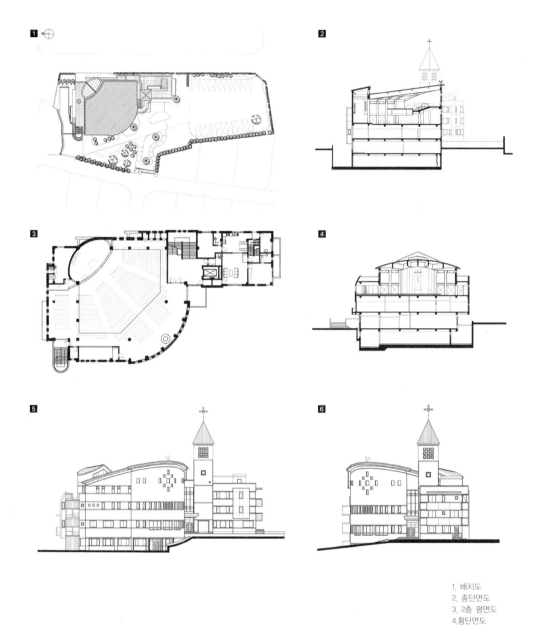

1. 배치도
2. 종단면도
3. 2층 평면도
4. 횡단면도
5. 서측입면도
6. 남측면도

강원도 고성군 간성읍
상리 514, 2004년 건축

언덕 위의 피라미드

간성성당

간성성당의 대지는 간성읍사무소가 인접한 읍내 중심의 낮은 언덕 정상부에 위치하여 주변으로부터 드러나는 우월한 모습을 하고 있다. 사방으로 확 트인 조망은 서쪽으로는 멀리 금강산과 무산, 향로봉을 연결하는 태백산맥의 분수령이 험준한 산악을 이루고, 동쪽으로는 아담한 간성읍내와 동해바다의 수평선이 가까이 보인다.

좋은 입지와 1,600여 평이라는 넓은 면적에 비해 대지의 형태는 10개의 필지로 나누어진 비정형적인 모습을 하고 있고, 기존 성당이 마당 한가운데 자리 잡고 있어 합리적인 토지이용이 어려웠다. 화재로 반소된 성당을 새 성전 건축 동안 계속 사용해야 하고 넓은 마당을 확보하고자 하는 현실적인 요구를 수용하여 새로운 성당과 사제관, 수녀원은 가능한 인접 대지경계에 붙여서 배열하였다.

성당의 1층은 교육·친교 공간 및 수녀원으로 2층은 대성당 전례공간으로 구성하였으며 사제관은 버려둔 북측경사지를 활용하여 3층의 별동으로 계획하였다. 성당은 정방형 평면에 대각선을 중심축으로 하여 입구 세례대, 중앙통로, 제대, 십자고상을, 좌우 주변에 신자석을 부채꼴로 배치함으로써 결과적으로는 제대를 중심으로 둘러싸는 집중적인 내부공간을 구성하였는데 이는 시청각적으로 신자들의 적극적이고 능동적인 전례참여를 고무하는 제2차 바티칸 공의회의 전례정신을 구현한 셈이 되었다. 안정되고 완전한 형태를 위해 지붕형태는 4각 피라미드형의 모임경사지붕으로 만들고 중앙에 천창을 두어 구심성을 도모함과 동시에 사방이 정면성을 갖도록 하였다.

대성당은 건물 내부의 계단을 통해 접근할 수도 있고 경사로를 통해 바로 접근할 수도 있다. 다소 과도하게 느껴지는 경사로는 단순한 접근 통로만이 아니라 여러 기능을 갖고 있다. 마당에서 거룩한 성전으로 들어가는 준비와 과정의 공간이기도 하고, 기도와 사색의 공간이 되기도 하며, 꺾여 돌아가는 경사로는 오르면서 경험하는 다양한 조망의 변화를 통해 주변자연과 이웃이 새로운 모습으로 다가올 것이다.

사제관·수녀원의 남향 확보와 진출입시의 경관과 동선을 고려하여 사제관 앞과 성당 및 경사로에 진입마당을, 기존성당 자리에 만남의 광장을 배치하였다. 그리고 종탑과 불탄 성당의 전면벽을 상징문으로 보존함으로써 과거와의 맥락을 잇게 하였으며(성당 내부의 중심축과 일치할 뿐만 아니라 성당 출입시에 항상 보게 된다) 입구의 유보 공간(현 사제관)은 앞으로의 기능에 유동적으로 대응할 수 있도록 그 여지를 남겨놓았다.

성당 전경

1. 성당 내부
2. 입구 성수대에서 본 옛 성
   당 흔적
3. 성당전경(신축성당과 옛 성
   당의 흔적)

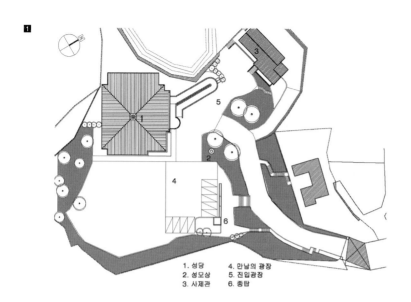

1. 성당   4. 만남의 광장
2. 성모상   5. 진입광장
3. 사제관   6. 종탑

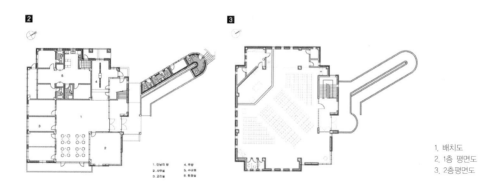

1. 만남의 방   4. 주방
2. 사무실   5. 수녀원
3. 교리실   6. 휴게실

1. 배치도
2. 1층 평면도
3. 2층평면도

가난의 성당
신리성지 다블뤼 주교 기념성당

신리성지는 다블뤼 주교에 의해 한국 천주교회사와 순교사의 자료가 수집·정리·편찬되었던 교회사적지이자 순교자를 배출한 성지이며 유서 깊은 교우촌이다. 이러한 역사적 가치를 살려 다블뤼 주교를 기념하고 신앙의 체험과 청소년 수련의 장으로 성지를 조성하고 있다.

한국은 전국 곳곳에 90개가 넘는 천주교 사적지가 있고, 성지로 조성되고 있다. 그러나 경쟁적으로 개발된 성지는 거의 비슷비슷한 모습으로 성지의 역사성과 장소성을 살리지 못하고 있다. 특히 성지의 중심건물인 순례성당은 대부분 양식에도 맞지 않는 크고 화려한 건물을 지향하여 성지 본연의 공간을 만들지 못하고 있다.

신리성지의 핵심은 복원한 초가의 다블뤼 주교관에 있고 그 다음이 순례성당이다. 따라서 이곳이 순례의 클라이맥스가 될 수 있도록 두 건물을 배치하였다. 즉 순례성당의 전면 광장(기념광장 겸 야외 미사공간)에서 다블뤼 주교관의 전체외관이 잘 보이도록 하고, 접근 시 단계적인 시각의 변화를 유발하도록 하였으며, 다블뤼 주교관에서 순례성당을 바라보는 시각도 성당의 정면과 광장을 동시에 볼 수 있도록 배치하였다.

순례성당은 미사공간인 동시에 성지를 상징하는 건물이므로 정면과 남측면에 다블뤼 주교와 성인의 부조를 새겨 넣었다. 특히 남측면의 성인 부조상은 야외미사공간의 제단의 배경 역할을 하며, 매우 단순·소박한 건물 벽면에 변화를 준다.

건축은 그릇과 같다. 성당은 전례와 기도, 묵상을 담는 그릇이다. 그릇의 존재의미는 화려한 외관이 아니라 속이 비어있음, 즉 무(無)의 공간이다. 그 비어있는 공간에 물이나 음식 등 대상물을 담을 수 있듯이 건축도 비어있는 내부공간의 형태와 질이 건축의 성패를 좌우한다.

신리성지의 순례성당은 전적으로 군더더기 없는 비어있는 공간이다. 여기서 하느님을 만나고, 순교자를 만나는데 그 어떠한 방해물도 허락하지 않는 순수한 공간이다. 그래서 그 흔한 스테인드글라스의 초월적인 빛도, 대리석의 화려한 장식도 마다한다. 그 어떠한 마감 재료로 덧씌우지 않은 원목 그대로의 지붕골조, 시멘트 스프리트 블록의 조적벽과 콘크리트 기둥이 노출됨으로써 재료의 물성을 바로 만나게 된다. 지붕골조가 바로 천장이 되는 글루렘은 세계적인 공학목재회사인 독일 Derix사의 제품이고, 스프리트 블록은 주)태성의 콘크리트 특화제품이다.

어쩌면 초라하게 느끼는 방문자도 있겠지만 신리성당은 명확한 질서체계를 갖고 있어서 누구든 편안함과 정숙함을 갖게 된다. 그것은 쉽게 읽혀지지 않지만 내부공간을 이루는 평면과 내부입면, 기둥과 기둥 간격, 신자석과 제단 등 요소와 요소 사이에 존재하는 엄격한 비례와 인간적 스케일로 구성되어 있으며, 전체적으로는 가톨릭 정통의 삼랑식(바실리카식) 공간구성에 기초하고 있기 때문이다. 불과 200석을 수용하는 성당은 다소 작게 느껴질 수 있지만 개인 순례나 그룹순례에 인간적 스케일감을 주어 제단과 밀착된 기도와 묵상이 가능하다.

성당의 외관 역시 단순한 상자 형태로 화려한 성전을 기대했던 방문자에겐 실망을 안겨주기에 충분하다. 성당의 외피(형태)는 내부공간을 구성하기 위한 구조일 뿐이며 내부에서 일어나는 일이 합당하게 이루어질 수 있다면 그것으로 충분하다. 그 이상도 그 이하도 아니다. 가장 값싼 재료인 거친 시멘트 블록과 콘크리트의 상자는 어쩌면 주변의 창고같이 보이기도 한다. 한적한 시골마을에 절대 군림하지 않는 물리적인 형태(건물) 자체는 스스로 주인이 아님을 말한다. 그렇기 때문에 신자든 비신자든 방문자는 부담없이 들어올 수 있다.

하느님은 화려한 옷을 입고 우리에게 오시지 않았으며, 항상 가난하고 낮은 곳에 나타나셨다. 신앙선조들 역시 가난한 마음으로 서로 돕고 격려하며 신앙을 증거하였다. 신리성지는 가난한 성지–궁핍한 가난이 아니라 가난할 줄 아는 성지–가 되고자 한다. 가짐보다 쓰임이 더 중요하고, 더함보다는 나눔이 더 중요하며, 채움보다는 비움이 더욱 중요한 가난과 절제의 미학을 건축을 통해 구현하고자 하였다.

신리성당의 기본 이념은 교회건축의 진정성 추구이다. 보이는 것 보다는 보이지 않는 질서체계로 편안하고 정숙한 공간을 만드는 것은 실로 어려운 일이다. 하는 것 보다 하지 않는 것이 얼마나 어려운지 … 설계자의 의도대로 신리성지가 가꾸어 나갈 수 있도록 기도한다.

신리성지 다블뤼 주교 기념성당 제단

1. 신리성지 전경
2. 다블뤼 주교 기념성당 내부
3. 다블뤼 주교 기념성당 정면 출입구
4. 평면도

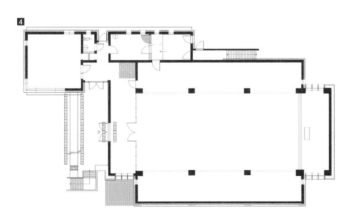

경기도 양주시 남면
신암리 264-3, 253-2,
2008년 건축

유서 깊은 교우촌의 물고기 성당
신암리성당

신암리성당을 설계하면서 가장 고심했던 것은 건물을 어떤 방향으로
앉힐까 하는 좌향(坐向)과 역사적 흔적을 어떻게 보존하고 회복할 수 있
을까 하는 문제였다. 이미 성당의 대지는 100년 전에 공소가 설립될 때
부터 평평하게 조성된 낮은 언덕 그 자리이지만 3차례의 건물이 지어
지면서 지표의 형상은 변경되었고, 남북으로 긴 동향의 대지인데다 대
지에서 바라본 전망이 너무나 좋았기 때문이었다. 겹겹이 둘러싼 주변
산세의 풍광은 근경, 중경, 원경이 뚜렷하고 전형적인 풍수지리의 입
지, 특히 좋은 안대(案帶)를 갖추고 있었다.

신암리성당의 대지는 북쪽으로 4㎞ 떨어진 감악산으로부터 남서방
향으로 뻗은 산록의 낮은 언덕에 위치한다. 신암리 마을의 초입에서
확연히 드러나는 곳이지만 진입은 마을의 좁은 길을 돌아 들어가게 된
다. 따라서 349번 도로에서 보이다 마을을 진입하면 잠깐 감추어졌다
다시 드러나게 되는 접근시의 시각적 변화를 체험할 수 있다.

전체 대지는 동향을 하고 있으며, 두 동의 건물(성당과 피정의 집)은 135
도의 각도로 축을 달리하여 배치되어 있다. 즉, 동향을 하고 있는 피정
의 집은 서측 대지경계선에, 남동향의 성당은 북측 대지경계선에 맞추
었는데 결과적으로 두 동의 건물이 입구를 향해 팔을 벌린 듯한 형태

를 하고 있다. 이는 기존대지의 형태에 대응하면서 오랫동안 신암리공소에 서 있었던 3그루의 전나무를 그대로 보존함과 동시에 작은 두 동의 건물이 나무를 가운데 두고(지난 100년의 역사 속에 있었던 3차례의 성당이 있던 자리) 둘러 펼쳐짐으로써 차가운 북풍을 막고 방문자를 환영하기 위함이다. 또한 100평에 불과한 건물이 실제보다 크게 보이게도 하며 1907년에 지은 첫 공소의 한옥 ㄱ자 집을 연상하기도 한다. 성당의 제단방향은 북동향으로 구름재와 그 너머 마차산을 향하고 있는데 하지 때 일출방향과 거의 근접한다.

원래 지붕(1층 옥상)이 연결되어 하나의 건물로 보이게끔 설계하였으나 허가과정에서 지붕을 분리하였는데 두 동이 분리된 결절점이 성당의 출입구이다. 이곳은 반 외부공간으로 뒤편 낮은 언덕으로 트여 있어 전면 조경마당과 뒷 자연이 소통된다. 성당 현관을 들어서면 신을 벗고 낮은 마루를 오르는데 좌측에 2층 오름 계단과 제의실, 우측에 작은 사료전시실이 있으며 45도 꺾여 성당출입문이 있다. 성당의 내부 평면은 제단을 향해 양 벽면이 넓혀진 사다리꼴이며, 한단 높은 제단구역은 다시 좁혀져 영역을 뚜렷이 구분하고 있다. 외벽선의 변화는 두 가지 목적을 갖고 있다. 하나는 35평에 불과한 단순한 형태에 역동적인 공간성을 부여하기 위함이고(내부공간), 하나는 지붕의 용마루선이 제단을 향해 상승하는 건물외관의 조형성을 위해서이다(외관형태). 평면은 물고기 형상인데 물고기는 박해시대 때부터 사용된 교회의 정통적인 표징으로 '하느님의 아들 구세주 예수 그리스도'와 '구원'을 상징한다. 박해시대의 유수한 교우촌을 이어온 신암리공소의 네 번째 성당은 이제 의정부지역 신앙의 뿌리로서 '그리스도 안에 새 생명으로 다시 태어남'을 상징하고자 하였다.

성당내벽은 단순한 벽돌쌓기이나 신자석 좌우 4개씩의 수직 줄창과 제단 좌우 3개씩의 수직 줄창을 통해 빛과 주변의 풍광이 소리없이 스며든다. 제단벽 상부 중앙에 뚫린 4개의 궁창은 십자형을 이루는데 가운데는 창을 뚫지 않고 남겨놓았다.(설계자가 설계한 다른 성당에서는 다섯 개의 창을 십자형태로 배열하고 특히 중앙의 창을 강조하였었다.) 이는 보는 이의 마음속에서 십자가상이 완성(묵상)되기를 바라는 의도이다.

미술가의 성미술품이 하나둘씩 들어서면서 설계자가 못 다한 부분을 채워주고 있다. 조용하면서도 힘 있는 색과 빛, 형태를 만나는 즐거움이 설계의 즐거움 못지않다는 것을 새삼 깨닫게 해주고 있다. 2년 전 낯선 신부님의 전화로부터 인연을 맺게 된 신암리성당은 어느덧 내 마음의 고향이 되고 있다. 신부님의 열정과 지지, 그리고 설계자와 미술가에 대한 배려, 거장 미술가와의 만남은 영원히 잊지 못할 것이다.

성당 뒤편 경사지에는 주말농장이 조성되고 주변조경도 정리되어 가고 있다. 서울에서 불과 1시간 남짓 떨어져 있어 개인이나 가족단위의 피정공간으로 안성마춤이다. 혹독한 박해 속에서 신앙을 지켜온 신암리공소의 역사를 기념하며, 질주하는 현대 도시 생활의 긴장으로부터 벗어나 하느님과 자연을 찬미하는 공간이 되길 기대한다. 신암리공소 100주년 기념성당의 신축설계를 하게 해주신 이경훈 신부님과 공소 신자분들, 성미술을 맡은 화가 윤명로 선생님과 장인 조규석 선생님, 그리고 후원자 여러분들께 깊이 감사드린다.

1. 신암리성당 외관
2. 신암리성당(우)과 피정의 집(좌)

1. 신암리성당 내부
2·3. 스테인드글라스 창(성당 및
    사제관, 윤명로 作)
4·5. 감실 및 성수반(윤명로 作)

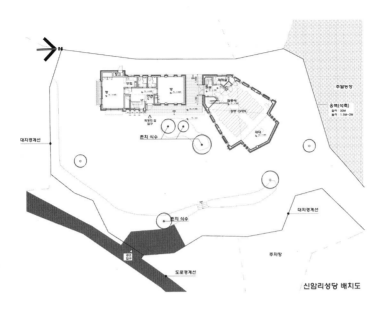

신암리성당 배치도

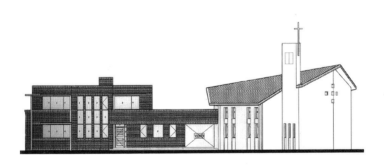

신암리성당 입면도

충북 제천시 봉양읍
구학리 637외,
2009년 건축

콘크리트조 한옥 성당의 실험
배론성지 영성문화연구소

배론(舟論)은 치악산 동남 기슭에 우뚝 솟아 있는 구학산(985m)과 백운산(1,087m)의 연봉이 둘러 싼 험준한 계곡 양쪽의 산골 마을로 골짜기가 배 밑바닥처럼 생겼다고 하여 배론이라 불렸다. 이곳은 오직 하느님만을 선택한 한국 초대교회의 신자들이 박해를 피해 숨어 들어와 화전과 옹기를 구워서 생계를 유지하며 신앙을 키워 나간 교우촌이며, 황사영(1775~1801)이 박해 상황을 알리기 위해 백서를 썼던 토굴과 천주교 사상 두 번째로 신부가 된 최양업의 묘가 있다. 우리나라 최초의 성요셉 신학교가 세워 졌던 곳이기도 하다.

1970년대부터 성지개발을 추진하여온 배론성지는 성지 한가운데를 흐르는 개천에 의해 북동쪽 오른편과 남서쪽 왼편으로 이루어지는데 오른편에 성요셉신학당, 황사영백서토굴, 배론신학당, 황사영순교자현양탑, 최양업신부묘소 등이, 개천 왼편에 최양업신부기념 대성당, 소성당, 최양업신부조각공원, 순례자들의 집 등이 들어서 있다. 오른편의 시설들은 콘크리트조의 한옥형태이고, 1990년대 이후 조성된 왼편의 시설들은 기하학적 형태의 현대건축이다.

문서보관 수장고, 자료실, 전시실, 세미나실 등 연구소 기능에 4명의 사제들의 거주공간이 복합된 영성문화연구소는 현대적인 기능과

설비를 갖추면서도 외관형태는 기존 건축물의 맥락에 맞추어 한옥형
태로 하였다. 1층에 사무실, 도서실, 연구실 및 반지하주차장, 기계
실, 수장고를, 2층에 세미나실, 경당, 사제관을 배치하되 경사지 레벨
차를 적극적으로 활용하고, 중정을 가운데 둔 ㅁ자 형태로 배치함으
로써 채광과 환풍은 물론이고 사제 각각의 프라이버시와 조망을 확보
할 수 있었다.

　　콘크리트 구조이지만 기와지붕에 목조서까래, 붙임기둥, 툇마루, 한
식창살과 창호지 등 전통한옥의 의장요소를 적절히 혼합하여, 한옥의
스케일감과 분위기를 구현한 다분히 실험적인 작업이었다.

문화영성 연구소 입구부분

1. 경당 내부
2·3. 문화영성연구소 전경

하느님의 집, 하느님 백성의 집

하느님의 집, 하느님 백성의 집

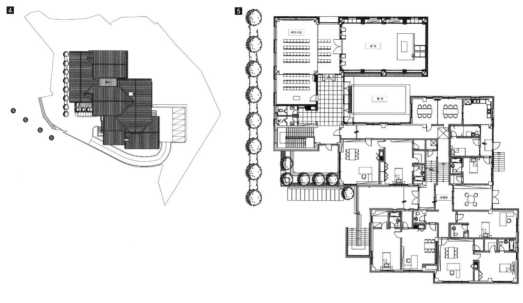

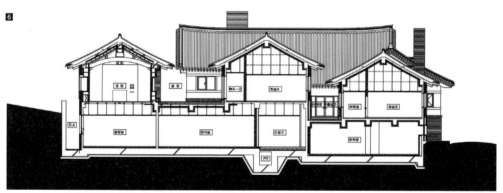

1. 복도에서 본 2층 중정
2. 2층 다목적 마당
3. 베란다 데크와 종각
4. 배치도
5. 2층 평면도
6. 단면도